美丽修行

MEILI XIUXING

美丽修行 编著

青岛出版集团 | 青岛出版社

图书在版编目（CIP）数据

美丽修行 / 美丽修行编著. — 青岛 : 青岛出版社,
2021.12
ISBN 978-7-5552-8757-5

Ⅰ.①美… Ⅱ.①美… Ⅲ.①皮肤－护理 Ⅳ.
①TS974.11

中国版本图书馆CIP数据核字（2021）第265442号

书　　名	美丽修行 MEILI XIUXING	
编　　著	美丽修行	
主　　审	彭冠杰	
出版发行	青岛出版社	
社　　址	青岛市崂山区海尔路182号（266061）	
本社网址	http://www.qdpub.com	
邮购电话	0532- 68068091	
策划编辑	周鸿媛　王　宁	
特约策划	易　鸥　曹　欢	
责任编辑	曲　静	
特约编辑	柳　婷　蔡蓉敏　宋　迪	
装帧设计	尚世视觉	
制　　版	青岛乐道视觉创意设计有限公司	
印　　刷	青岛乐喜力科技发展有限公司	
出版日期	2021年12月第1版　2022年1月第2次印刷	
开　　本	32开（890毫米×1240毫米）	
印　　张	8	
字　　数	200千	
书　　号	ISBN 978-7-5552-8757-5	
定　　价	78.00元	

编校印装质量、盗版监督服务电话 4006532017　0532-68068050

关于美修的书

　　市面上有关美容护肤的书与刊物不计其数，如果再加上网络上形形色色的科普化妆品、点评化妆品的文章，那真是浩如烟海。在这些令人眼花缭乱的信息中，有哗众取宠、博人眼球的，有蹭流量的，有些甚至有误导消费者之嫌……细细分辨下，就会发现其中中肯又真正具有相当可信度的信息确实不多。如何引导消费者正确地选择化妆品、科学地使用化妆品来达到美化肌肤和保护肌肤的作用呢？

　　近几十年来，我国化妆品市场高速发展，消费人群日益增长，人们对化妆品的认知水平逐年上升，对化妆品的要求也越来越高。在这个背景下，"美丽修行"应运而生。作为支持与指导消费者科学选购化妆品的线上平台，美丽修行力求让消费者找到既符合自己的心意又适合自己肌肤性质的化妆品，同时也在指导消费者科学地使用化妆品方面做了大量的工作。这些工作不仅有对线上的消费者购买行为数据的收集与分析，还包括对上市产品的合规性信息、产品使用者的评价信息的收集和展示，以及对原料的化学、物理特性的分析与比对。

　　不仅如此，美丽修行还在线下做足了工作，他们收集消费者关注的问题,走访并请教不同专业的资深专家、学者,以期得到正确的解答,从而为消费者提供更多正确选择化妆品和科学使用化妆品的方法。

我是一名化妆品研发工程师,多年的化妆品研发经历使我深知科学护肤的重要性,其中最重要的是选择适合自己肌肤的化妆品并进行有效护肤。选择化妆品时,首先应该考虑的不是价格,而是产品的特性是否符合你的肌肤属性,是否能满足你的肌肤的真实需求。要确定这一点,除了在线上查阅产品本身的信息和用户评价信息以外,最好再去线下卖场咨询该产品的导购员。在选择你中意的产品时,请一定关注该产品的口碑,这一点非常重要。

对于消费者来说,正确选择并科学地使用化妆品这件事看起来好像并不难,然而事实并不是这么一回事。我发现,许多从事化妆品研发或营销等工作的业内人士都不一定能正确选择并科学地使用化妆品,甚至连不少皮肤科医生也是如此。因此,选择适合自己的化妆品并科学地使用是一门需要终生学习的课程。

同时我也深深知道,消费者对化妆品安全性和舒适性的要求非常高。化妆品是通过长期重复涂抹在皮肤上产生累积效应起作用的,而且使用化妆品的过程具有相当的随意性。基于这一点,我们化妆品研发工程技术人员永远把产品的安全性放在第一位:我们在设计产品配方时,必须考虑产品在长期、大剂量使用时的安全性问题。在生活中,我们也看到许多消费者会持之以恒地使用一款自己喜欢的产品。所以，对于长期使用化妆品来护肤的消费者来说，正确地选择与科学地使用化妆品非常重要。

美丽修行花费了大量的人力物力编写了这样一本与众不同的书。此书的一大亮点是书的最后一篇，这一篇是人气产品点评。作者从当下正在热销和具有影响力的化妆品中遴选出 84 种，对它们进行了分类介绍，通过分析这些产品的大数据，总结出了这些产品的客观信息和用户评价，使得消费者在选择产品时能正确认识它们的性能。

在这里我想告诉爱美的消费者朋友，化妆品品质的高低，不单单与产品配方技术是否先进、外包装是否精美、功能是否华丽有关。真正高品质的产品一定是技术、文化、精神的完美结合体，也就是说，所谓高品质的化妆品，其本质一定是内在质量与人文精神的高度统一。真正高品质的化妆品不仅能充分体现现代科技的优秀成果，还能让消费者在使用后产生一种愉悦感，内心充满信心与希望。它可以提升消费者的生活品质，体现出品牌主张的精神。这其中就包括指导消费者正确选择并科学地使用化妆品，因为只有这样，才能真正证明产品的优秀与生产这类产品的企业的伟大。

中国从来不缺少使用高品质化妆品的消费者，而且这个群体还在不断扩大；中国也不缺少研发高品质化妆品的设备，国内许多企业的化妆品研发硬件设施已经可以与世界发达国家相媲美；中国更不缺少能研发高品质化妆品的工程师，而且这一队伍的专业素养也越来越高。这些也是我们的年轻人越来越喜爱国货化妆品的主要原因之一。

千百年来，无论是在科技落后的过去还是科技高度发展的现在，人类都在想尽办法使自己的肌肤处于健康、美丽的状态，这是长久以来人类固有的对美的基本追求。我们将一如既往地与广大爱美人士一起，在这条漫长但充满光明的美丽之路上共勉共进，让我们一起为保持肌肤的健康与美丽努力吧！

李慧良

教授级高级工程师

从事化妆品研发工作三十多年

中国化妆品研发领域极具影响力的专家之一

中国最早一批赴国外学习化妆品研发的人员之一

美丽修行，渡人渡己

2015 年，我刚刚开始做自己的公众号时，跟美丽修行的创始人易鸥加上了微信，那时候她还在做自己的化妆品品牌。这位从未见过面的网友会给我留很多很多言。她告诉我，她做了个化妆品搜索工具——美丽修行；她告诉我，我们写的国货产品刚好是美丽修行也很认可的；她告诉我，最近有个新品上市发布会，我们或许有机会碰面……而我往往只晓得回复一两个字，甚至不回复。

6 年过去了，翻看以往的聊天记录，她总是那么热情，我总是不知该怎么回应。一年又一年，我们默默地互相关注着对方的事业，而我也慢慢成为美丽修行的深度用户了。

这个神奇的 APP[1] 也经历了一次次蜕变：原来它就只是个成分表搜索器，我一个外行人，看一遍成分表觉得没看懂就关掉了；后来，它有了成分的安全性评分，有了风险提示，还加入了对成分功效的解释，我仿佛多看懂了一点点；再后来，它又加入了达人点评，有人讨论产品肤感，有人讨论产品成分和功效，有人讨论产品配方设计的心思，

---

1. APP 是英文 application 的缩写，意为手机软件。

有人讨论大品牌的专利技术……

在这个 APP 上，诞生了一种全新的声音！它不是品牌官方的声音，没有华丽的辞藻，不创造美好的联想。它也不是美妆博主的声音，没有夸张的表达，也不营造热烈的气氛。它是一种懂行的人的声音：自己用得怎样，为什么会有这样的效果，配方里有什么好成分，配方师想了什么……他们思辨、务实，把这些一点一点地给消费者摸索出来。

这种声音的力量不一定比得过一个头部博主，但它的专业度和影响力正在潜移默化地改变着整个行业。很多化妆品品牌方跟我讲过，他们在设计配方和研发产品的时候，必须考虑产品在美丽修行上的安全性评分。也有很多品牌方时刻盯着自己的产品在美丽修行上的口碑，不断地进行产品的迭代更新。

作为一个美妆博主，我在做内容、做直播前都要选品。以前选品我主要依靠个人体验和感受，还会翻翻品牌官方的信息。而现在，我一定会考察美丽修行上那些懂行的人怎么看待一个产品，怎么评价一个产品的好坏，从什么维度去思考。我也会把同类的产品拿出来对比，看看这个产品的优势在哪里，另一个产品有什么不足。

相应地，我的粉丝里有越来越多的人会去看成分表了。他们会去分析配方，了解各种成分在配方里的贡献，以及什么成分更温和。他们也越来越了解自己，知道什么成分自己不耐受，什么成分自己用着效果好。

美丽修行这个 APP 创造了一系列微小的改变，它不仅让品牌方越来越重视配方设计和产品技术上的创新，也引领我们这些美妆博主去做更科学的种草，还降低了普通消费者了解产品配方的难度，使他们更容易找到适合自己的产品，避开不适合自己的产品。正如 APP 的名字，美丽是一种修行，渡人，也渡己。

这本书就是这样一群极度乐观又憧憬着改变行业的人共同编成的。他们对化妆品消费者充满关怀，仔仔细细地从最基础的皮肤知识讲起，一直捋到产品，真的是保姆级别的讲解。护肤入门，想少走弯路，一定要读这本书。

MK凉凉

知名美妆博主、粉星时尚创始人

福布斯中国 TOP50 意见领袖

绣花手段，菩萨心肠

第一次碰到易鸥的时候，我还在做前一个公众号（"基础颜究"是第二个）。

那时候日子过得还很慢，苹果还没跟腾讯打官司，微信"打赏"还很顺畅。易鸥很阔绰地"赏"了我好几百。在我记忆中，大概只有巴菲特的合伙人查理·芒格干过这种事：看了葛文德医生一篇关于医保的文章之后，芒格也是大笔一挥，写了张支票给葛文德。

我住在乡下，从郊区铁路车站出来，还要走两里地才能到家。春风和煦，我一路踢着石子和她通话。那天，我知道了她的宏愿：想让更多的人有更多的信息来"掌控"梳妆台，获得好皮肤，还不需要那么多的预算。我提醒她，已经有网站在做啦，虽然功能有限，但是挺赚钱，是个有流量的生意。

"不，我们是认认真真做这件事的，不会上来就想着赚钱。中国需要一个能够帮助消费者看清产品的工具。"我记得她说这话的时候在笑，她想的大概是做着做着路就开阔了。然后她就真的做起来了，真的花掉了自己不少精力和金钱。

我在读这本书时，总是想起美团创始人王兴的一段话：

"一位参加过对越自卫反击战的投资人跟我说，多数人对战争的理解是错误的，他们觉得战争就是拼搏和牺牲。实际上，战争是由忍耐和煎熬组成的。"

科学普及不是一件容易的事情，因为虽然科学有很大的力量，人们有时候却更喜欢"阴谋论"和"懒人包"。"阴谋论"把问题的本源遮掩，只是设定一个"大反派"，读者会因为自己能迅速找到问题的"答案"而感到轻松愉悦。"懒人包"更过分，对事实本身掐头去尾，甚至刻意删改，使其理解起来不费力气的同时也面目全非。而科学普及，就是跟"轻松愉悦"和"不费力气"作对的。想做科学普及，首先自己必须搞清楚事实是怎样的——不是"会做题"的那种层面，而是要有"打破砂锅问到底"的深层理解。因为要"普及"，所以必须把边边角角也搞懂。科学讲究不偏不倚，讲究全面深入，讲究有一分证据说一分话。

而写作呢，是先把信息综合起来，形成思路，再整合成语句通顺、逻辑清楚的文章。按史蒂芬·平克（Steven Pinker）的说法就是"将网状的思想，通过树形的句法，用线性的文字展开"。当一个作者要处理的对象庞大繁复而又精密细致时，这个过程的难度可想而知——科学普及就是这样一项工作。

护肤科普的难度系数更高，因为相比物理、化学，甚至生物学，护肤是没有太多"确定性"的。前几天，我开会时碰到协和的孙秋宁老师，她正在跟浙江省人民医院的潘卫利老师讨论"到底是用凉水洗脸好，还是用热水洗脸好"的问题。最终他们发现其实这两种方法只是略有不同，可是在抖音上，这个问题却演变出了两大"流派"。

这还只是"洗脸"而已，只是护肤的第一步，而接下来的每一个步骤——补水、保湿、防晒等——都有很多小细节，都可以展开写很多很多内容。而一个护肤科普作者，要从季节、地域、风俗、饮食等切入点下手，去"拎"出一个框架来"普及"科学，告知大众一些护肤方法和思路，甚至推荐出最佳方案来。

美丽修行这样一做就是好几年。在积累下很多内容后，美丽修行团队整理出版了这本书。他们从最基础的皮肤知识讲起，一点一点过渡到高阶皮肤护理方法，还非常贴心地列出了很多问题来解答。

焚膏继晷写出来的文章不见得就能得到好评。做自己的公众号时，每次写完一篇文章之后，我都要端详揣摩，生怕自己哪里想得不对，内心甚至有些惴惴不安，怕被攻击。

做护肤的科普，真的是要有绣花手段、菩萨心肠。我看到了易鸥的起心动念，也看到了美丽修行这么长时间的努力——这本书里既有易鸥的初心，也有美修的恒心。希望大家能够从这本书中获得知识，也看到这些更美好的东西。

三亩

公众号"基础颜究"主笔、创始人

推荐语

美丽修行 APP 是我最喜欢的化妆品成分查询工具，可是要看懂复杂的成分表，很多用户还是觉得很难吧？现在美修要出书啦，把皮肤基础知识、护肤实战、产品点评一网打尽。这样一部护肤宝典，应该人手一册！

——俊平大魔王

美丽修行 APP 作为国内专业的理性护肤平台，集结了行业内非常多专业人士和硬核护肤爱好者，大家对皮肤知识的认知和对美妆产品的理解集合在一起，可以说是推动了整个中国功效性护肤品市场的发展。而美修的这本书总结了不同视角和不同方向的观点，从护肤基础知识到产品分析都有涉及，可以说是理论与实践相结合。它可以帮大家节省时间，帮大家更科学、更完整地认识理性护肤领域，实现从小白到护肤高手的成长。

——Kenjijoel

这本书结合美修大数据，收录了大量化妆品的点评分析，对很多想选到优秀护肤品的读者非常有参考价值！

——冰寒

在美丽修行 APP 上，你不仅能快速找到手头护肤品的完整成分表和各成分的详解，还能找到一帮和自己志同道合的朋友所分享出来的个人使用感受。这本书是美修成立多年的内容沉淀，对护肤感兴趣的朋友一定要入手！

——是醒醒吖

有幸识得美丽修行多年，它已经成了我常用的 APP 之一，用它查成分、查产品都相当便捷。即便手机换了好几部，美丽修行总会如期出现在我的新手机中。最近知道美丽修行出书了，从入门到精通，从成分到产品，从知识点到体系，这种保姆级教程，绝对值得每一个爱美之人仔细阅读。

——Mister 鑫

在护肤方法五花八门、护肤产品纷繁芜杂的今天，大多数消费者不仅需要找到市场反馈良好的口碑产品，更应该有充足的科学理论知识和判断力。本书不仅有大数据支撑，更有科学理论援引，可以说是美丽修行为大家带来的一块纯粹追逐理性护肤、科学变美的自留地。

——小本 Brant

本书筹备至出版，要特别感谢以下人员的支持：

李慧良、周颖、徐红、郭巧、张嫄、丁婷、任飞、文瑛琪、彭丽、

王丹、刘晓畅、刘鹏飞、陈思宇等。

目录

王者篇　人气产品点评

01

青铜篇

护肤基础知识科普

你真的了解自己的皮肤吗？

▶ 皮肤的结构与基本功能

皮肤是我们人体最大的器官，也是和"美"息息相关的器官。我们关心它，爱护它，希望它健康美丽。女性尤其如此，都渴望拥有"肤如凝脂"的美。

为了维护皮肤的美，我们不惜花重金购入大量化妆品，每天早晚都会花时间精心保养皮肤。但是，在深入探究化妆品之前，我们应该先对皮肤的结构有一个基本的了解，这有助于我们辨别一些化妆品营销话术的真伪。

我们先来看一张皮肤结构示意图。

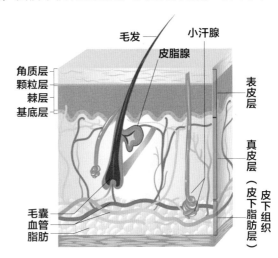

皮肤结构示意图

皮肤分为表皮、真皮和皮下组织三部分。

皮肤最外面一层是表皮。表皮又分为角质层、颗粒层、棘层和基底层。表皮层是皮肤屏障最主要的部分，化妆品大多在表皮层发挥作用。

表皮下面是真皮，主要由胶原纤维、网状纤维、弹力纤维构成，肌肤的弹性和紧致度主要是由真皮层的状态决定的。如果皮肤有松弛、长皱纹的迹象，就需要在这一层下功夫。但是，大部分化妆品很难穿过表皮层到达真皮层，所以仅靠使用化妆品，很难彻底解决皮肤松弛和长皱纹的问题。

真皮之下是皮下组织，也称皮下脂肪层。这一层就像柔软的海绵垫，能起到缓冲的作用，可以保护我们的肌肉、骨骼和关节，还能储存能量，参与体温调节过程。

◎ 强大的皮肤屏障

皮肤是人体天然的外衣，保护着人体的"内在"，这是一个广义的屏障。而对于皮肤自身来讲，保护皮肤的屏障又是什么呢?

我们皮肤的表皮层是皮肤的第一道屏障，是身体与外界接触的第一道防线。1983 年，美国学者伊莱亚斯（Elias）提出了著名的"砖墙学说"，他把这层皮肤屏障想象成砖墙：角质形成细胞是"砖块"，细胞间脂质是"灰浆"。我们经常说的皮脂膜位于砖墙结构的最外层，可以看作外墙的涂料层，皮脂膜与表皮层共同组成的"砖墙结构"形成了一道人体皮肤的天然保护屏障。

这层天然的皮肤屏障具有保湿、抗炎等作用，可以阻止皮肤水分的流失，同时还可以在一定程度上抵御外界有害刺激物、日光等的伤害。

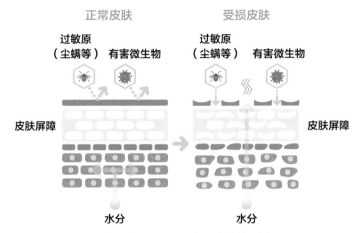

正常皮肤和受损皮肤屏障结构对比

当皮肤屏障受损时，皮肤会怎么样呢？

最常见的问题就是皮肤保湿功能下降，并出现干燥、脱屑、瘙痒、泛红、使用化妆品有刺痛感等症状。油性皮肤在屏障受损后会更容易被细菌侵袭，从而导致痘痘加重。耐受性极差的皮肤在屏障受损后还有可能出现严重的毛细血管扩张（也就是我们常说的"红血丝"）。

令人震惊的是，除了年龄、基因、外界环境刺激等客观因素，滥用化妆品和日常护理不当也是皮肤屏障受损的主要原因之一。很多消费者在皮肤屏障已经受损的情况下，还在错误地护肤和乱用化妆品，从而给皮肤带来二次甚至多次伤害，加剧皮肤受损的程度。皮肤的免疫力是很宝贵的，千万不要因为任性而破坏它。

近些年很热门的皮肤微生态平衡的话题也和皮肤屏障密切相关。皮肤表面生活着细菌、真菌、病毒和某些原虫等微生物群，它们共同形成了独特的皮肤正常微生物群。在正常情况下，它们相互作用、相互制约，保持着动态的平衡，这就是我们所说的皮肤微生态平衡。一旦表皮受损

（即皮肤屏障被破坏）或皮肤微生态失衡，这些微生物就可能由"健康共处状态"变为"致病状态"，进入真皮，引发免疫性炎症反应以及各种皮肤疾病。

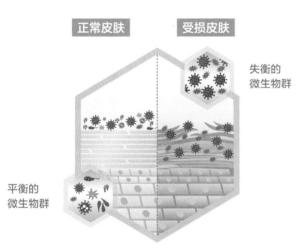

正常皮肤和受损皮肤的微生态平衡对比

皮肤的美是建立在皮肤屏障健康的基础之上的，我们应该像重视身体的免疫力一样重视皮肤屏障。

▶ 皮肤的类型与判断方法

以下这些问题有没有困扰过你？

1. 闺密推荐的对她很有效的产品，对你一点作用都没有，甚至让你的皮肤变得更糟了。

2. 用了某些产品皮肤会过敏或发炎，却根本不知道原因是什么。

3. 有人说果酸效果好，有人说果酸会毁脸，到底该不该用呢？

在选择化妆品前，要先了解自己的皮肤类型，但是这个重要前提常常被忽视。

很多女性每年花在化妆品上的钱都是一笔不菲的开销，从几千到几万不等。那么，她们对使用后的效果满意吗？

中国医师协会皮肤科医师分会曾做过一个关于化妆品的网络调查，结果显示：约 79.80% 的人表示，曾经购买过不需要或者不合适的护肤产品。是产品本身很糟糕吗？未必，更主要的原因可能是产品不适合自己的肤质。同样的产品，有人用了感觉很好，有人用了却感觉非常不好，这种差异跟皮肤类型有很大关系。

我们都知道要根据自己的体型搭配衣服，要根据自己的脸型设计发型、挑选镜架。同理，在护肤这件事情上，也要充分考虑肤质，不能草率。

传统的皮肤分型通常将肤质分为干性、中性、油性、混合性四种类型，有时候还会加上敏感性这一类。但这种分类方法不够严谨。经常有人认为干性皮肤才会敏感，油性皮肤不容易长皱纹。事实果真如此吗？如果一个人的皮肤又油又敏感，还容易长皱纹，这该怎么解释呢？这种类型的皮肤又该如何护理呢？

美国著名的皮肤科医生莱斯莉·褒曼（Leslie Baumann）提出了一种全新的皮肤分型法，将肤质分成 16 种类型，这一分型法得到了全球很多皮肤科医生的推荐。这种分型法根据四个主导因素来划分肤质类型，这四个因素分别是：油性（O，oily）或干性（D,dry），敏感性（S,sensitive）或耐受性（R,resistant），色素性（P,pigmented）或非色素性（N,non-pigmented），皱纹性（W，wrinkled）或紧致性（T，tight）。

　　为了辨识这四个因素，褒曼设计了四个大项的测试，将四个大项的测试结果组合，就形成了 16 种肤质类型。特别提醒一下，我们常说的混合性皮肤，在这个分型里都被划分到了油性皮肤中，油性分值属于轻度油性。

褒曼皮肤分型表

4 种油性敏感性皮肤	
OSPW	油性、敏感性、色素性、皱纹性皮肤
OSPT	油性、敏感性、色素性、紧致性皮肤
OSNW	油性、敏感性、非色素性、皱纹性皮肤
OSNT	油性、敏感性、非色素性、紧致性皮肤
4 种油性耐受性皮肤	
ORPW	油性、耐受性、色素性、皱纹性皮肤
ORPT	油性、耐受性、色素性、紧致性皮肤
ORNW	油性、耐受性、非色素性、皱纹性皮肤
ORNT	油性、耐受性、非色素性、紧致性皮肤
4 种干性敏感性皮肤	
DSPW	干性、敏感性、色素性、皱纹性皮肤
DSPT	干性、敏感性、色素性、紧致性皮肤
DSNW	干性、敏感性、非色素性、皱纹性皮肤
DSNT	干性、敏感性、非色素性、紧致性皮肤
4 种干性耐受性皮肤	
DRPW	干性、耐受性、色素性、皱纹性皮肤
DRPT	干性、耐受性、色素性、紧致性皮肤
DRNW	干性、耐受性、非色素性、皱纹性皮肤
DRNT	干性、耐受性、非色素性、紧致性皮肤

◇ **真实案例** - ○

A女士和她的闺密B女士都是30多岁的年纪，皮肤都爱冒油、长痘痘。在传统的皮肤分类里，两人都被划分为油性皮肤，被推荐各种抗痘产品。两人都从青春期开始长痘，可是在护理皮肤的过程中，她们经历的完全是两种不同的人生。

A女士近20年的抗痘血泪史：

14岁开始长痘，使用市面上大部分祛痘产品都会刺痛。因为用防晒霜经常过敏而不敢涂防晒霜，结果皮肤被晒伤，甚至患上日光性皮炎。大学期间经常因为皮肤问题去校医院，被开了激素药膏治疗，皮肤形成激素依赖。前10年在过敏和抗痘中徘徊，后10年专门给皮肤维稳，终于把皮肤问题改善了一大半。

B女士近20年的不满足抗痘史：

用什么产品都觉得不吸收，皮肤几乎没有任何过敏、刺痛的感觉。尝试过很多祛痘产品都没有感觉，看不出效果，直到用了一定浓度的水杨酸、果酸、维A酸，才终于觉得有些效果了。痘痘严重时，除了控制饮食等生活方面的调理，护肤上会一边刷酸，一边保湿（因为刷酸会让皮肤容易干燥）。

两个人都无法理解对方的感受。A女士早年也尝试过浓度不高的果酸，感觉到的是烧脸一般的热痛，而B女士完全没有这种感觉。同为"油性皮肤"，采用同样的方式抗痘，为什么她们的感受如此对立呢？

看一下她们的褒曼皮肤分型就明白了：A女士测试的结果是OSNT——油性、敏感性、非色素性、紧致性皮肤，而B女士测试的结果是ORNT——油性、耐受性、非色素性、紧致性皮肤。四个因素里有三个因素是一致的，只有"敏感或耐受"这一项不同。正是这个不同导致了她们感受的差异，也决定了两个人适合的产品大不相同。

此外，她们也无法理解皮肤特别干燥是怎样一种感受。干性皮肤的人觉得好用的东西，她们常常觉得很难用。B 女士曾经看大家都推荐珂润的一款产品，没仔细看产品说明，脑子一热就买回来了，结果第一次用就觉得黏糊糊的好难用，还纳闷大家怎么都说好用。后来，她发现瓶身上印着"干燥性敏感肌"字样，油性耐受性皮肤的人选它不是自找烦恼吗？

与闺密闲聊时，我们会"吐槽"自己觉得不好用的产品，也会掏心掏肺地"安利"自己喜欢得不得了的产品。这些经验大多是拿自己当"小白鼠"试出来的。如果我们清楚自己的肤质类型，选产品根据对自己的肤质类型去选择（比如看看产品的成分是否适合自己的肤质、相同肤质用户的评价如何等），肯定能避开不少雷区，省下不少钱。

因为 16 种肤质的测试题特别长，而且所有肤质的解读内容加起来特别多，我们就不在本书中详细叙述了。想知道自己的肤质是怎样的，可以下载美丽修行 APP，拍一张照片、做两组题，就可以完成一次肤质测试，测完后会有完整的肤质解读和针对该肤质的护理建议。

护肤品家族全攻略

▶ 面部清洁产品

面部清洁产品按照功能可以分为洁面类和卸妆类两大类。

好的面部清洁产品，应该能清除皮肤上的污垢、分泌物、彩妆等，但不会破坏皮肤正常的皮脂分泌，不会引起皮肤干燥等问题。下面，我们就来详细了解一下面部清洁产品的分类和作用。

◎ 洁面类化妆品

市面上的洁面类化妆品五花八门，看得人眼花缭乱。其实，洁面类化妆品的细分也是有章可循的，最主要的分类方法就是按质地分。按照质地，洁面类化妆品大致可以分为洁面皂、洗面奶（洁面乳、洁面霜）、洁面啫喱、洁面泡沫（洁面慕斯）、洁面粉等类型。下面简单介绍几种常见的洁面产品，大家可以根据情况选择适合自己的产品，洗出美美的肌肤。

（1）洁面皂

洁面皂的外观和香皂差不多，是非常经典的洁面产品。目前，洁面

皂按照成分可以大致分为皂基洁面皂和非皂基
洁面皂两大类。因为非皂基洁面皂相对少见，
这里就不详细介绍了。

大多数洁面皂都是皂基洁面皂。皂基洁
面皂去油能力很强，能打出丰富的泡沫，"大
油田"类的皮肤也能一洗而净，并且很容易冲
洗，洗完后皮肤不会滑腻。油性皮肤的朋友最
适合用这类产品。

皂基洁面皂通常是用油脂(椰子油、葡萄籽油等)和强碱(氢氧化钠、
氢氧化钾)制成的。皂基洁面皂的碱性一般都比较强（pH 值大多介于
9 ~ 11），容易导致皮肤过度脱脂，从而使皮肤干燥、紧绷。不建议干
性皮肤或敏感性皮肤的朋友使用这类洁面皂，干冷的秋冬季节也不适合
使用这类产品。

（2）洗面奶

洗面奶可谓是最常见的洁面产品，相信它也是
很多人使用得最多的洁面产品。市面上对洗面奶还有
一些不同的叫法，比如洁面乳、洁面霜，本文将其统
称为洗面奶。洗面奶中起清洁作用的成分主要是表面
活性剂，表面活性剂可以洗掉皮肤表面的污垢和油
脂。按表面活性剂类型的不同，洗面奶大致可以分为
三类：普通洗面奶、皂基洗面奶、氨基酸洗面奶。

洗面奶的类型与特点

种类	普通洗面奶	皂基洗面奶	氨基酸洗面奶
表面活性剂类型	普通表面活性剂（月桂醇聚醚硫酸酯钠、月桂醇聚醚磷酸钾、椰油酰胺DEA、椰油酰羟乙磺酸酯钠等）	脂肪酸（月桂酸、肉豆蔻酸、棕榈酸、硬脂酸）+碱（氢氧化钠、氢氧化钾）形成的脂肪酸盐	氨基酸表面活性剂（椰油酰甘氨酸钠、椰油酰谷氨酸钠、月桂酰肌氨酸钠等）
泡沫	丰富	非常丰富	偏少
清洁力	适中	很强	稍弱
使用后的感觉	容易滑腻	清爽，但易紧绷、干燥	清爽但不紧绷
价格	便宜	便宜	比皂基类稍贵

普通洗面奶的使用感觉和性价比主要取决于表面活性剂的种类。早期以月桂醇硫酸酯钠（SLS）、月桂醇聚醚硫酸酯钠（SLES）为主要清洁成分的洗面奶，虽然泡沫丰富，但是用后容易假滑。这类洗面奶存在一定的刺激性，如果不小心弄到眼睛里，会感觉非常刺痛。近年来，这类表面活性剂逐渐被更温和、用后感觉更清爽的表面活性剂取代，例如椰油酰羟乙磺酸酯钠、椰油酰胺丙基甜菜碱、椰油酰两性基二乙酸二钠、月桂基葡糖苷等。

皂基洗面奶主要是由脂肪酸（月桂酸、肉豆蔻酸、棕榈酸、硬脂酸）和碱（氢氧化钠、氢氧化钾）皂化后再加入其他成分制备而成，通常泡沫非常丰富，清洁力和脱脂力都比较强，并且很容易冲洗，用后皮肤清爽不假滑。但是，不少成本较低的皂基洗面奶使用后皮肤容易出现紧绷、干燥等问题。高端的皂基洗面奶会加入一些氨基酸表面活性剂（甲基椰油酰基牛磺酸钠、月桂酰胺丙基甜菜碱、椰油酰两性基二乙酸二钠等）和调理剂（聚季铵盐类、多元醇、润肤剂等）来解决脱脂力过强，用后皮肤紧绷、干燥等问题。目前，市面上的洗面奶还是以皂基类的为主。

　　氨基酸洗面奶是近年来越来越流行的一种洁面产品。虽然市面上有很多产品宣称是氨基酸洗面奶，但在监管上，氨基酸洗面奶还没有一个明确的定义，所以有不少所谓的"氨基酸洗面奶"其实是打着氨基酸旗号的"李鬼"。在配方研发领域，大家约定俗成地认为，以氨基酸表面活性剂为主要清洁成分的洗面奶才算是氨基酸洗面奶。

　　氨基酸表面活性剂的共同特征就是脂肪链 + 氨基酸盐。例如："月桂酰谷氨酸钠"的"月桂酰"就代表脂肪链，常见的脂肪链有"月桂酰""椰油酰""棕榈酰""肉豆蔻酰"等；"谷氨酸钠"就是氨基酸盐，常见的氨基酸盐有谷氨酸盐、甘氨酸盐、肌氨酸盐、丙氨酸盐等。常见的氨基酸表面活性剂有椰油酰甘氨酸钠、椰油酰谷氨酸钠、月桂酰肌氨酸钠、月桂酰丙氨酸钠等。

　　氨基酸洗面奶的泡沫通常偏少，清洁力会稍弱一些，但是非常温和，刺激性低，很容易冲洗，用后皮肤不会紧绷和干燥。这类洗面奶适合绝大多数消费者使用，尤其适合敏感性和干性皮肤的人使用，也适合普通消费者在干冷的秋冬季节使用。

　　（3）洁面泡沫（洁面慕斯）

　　洁面泡沫也叫洁面慕斯。这类产品的瓶身中通常装着含有表面活性剂的液体，还有一个按压式的泡沫泵头，直接按压便可挤出丰富的泡沫，有些产品还在泵口的位置加了洗脸刷头，使用起来很方便。洁面泡沫通常以氨基酸表面活性剂为主要清洁成分，用后的感觉和用氨基酸洗面奶洗后差不多，很适合干性皮肤。

◎ 卸妆类化妆品

很多人在工作和生活中都会化妆，或浓妆艳抹，或略施粉黛。大部分彩妆产品都含有颜料，这些成分会给皮肤带来一定的负担，因此经过一整天的疲劳后，彻底清除面部的彩妆是必不可少的环节，这时候我们通常会使用卸妆类化妆品。卸妆类化妆品发展至今，已经演变出多种类型，有卸妆油、卸妆水、卸妆乳、卸妆霜以及卸妆湿巾等。

（1）卸妆油

卸妆油通常由油脂和乳化剂[1]组成，利用"相似相溶"的原理卸除面部的彩妆。涂了防水型防晒霜或化了浓妆时，用洗面奶清洁往往不够彻底，而卸妆油中的油脂和乳化剂能够更好地溶解油污，清洁效果更为显著。

卸妆油使用的油脂一般是合成油脂、植物油、矿物油等，不同类型的油脂对清洁效果影响不大，但对使用感受影响很大。以合成油脂为主的卸妆油使用起来会感觉比较清爽、不黏腻。

---

1. 乳化剂是指有乳化作用的表面活性剂。

常用的合成油脂有棕榈酸异丙酯、鲸蜡醇乙基己酸酯、辛酸／癸酸甘油三酯、异十二烷、角鲨烷等。以植物油为主的卸妆油，使用起来容易感觉黏腻、不舒服，而且植物油的稳定性相对较差。常用的植物油有葵花籽油、山茶油、橄榄油、霍霍巴油、葡萄籽油等。矿物油的化学稳定性好，清爽度也比较适中，但是矿物油的品质对产品安全性的影响很大。

卸妆油中的乳化剂种类和添加量对卸妆效果和使用感受影响较大。早期的一些卸妆油未添加乳化剂，使用起来油腻感很重，需要二次清洁。随着更多种类的乳化剂被发明创造出来，卸妆油的清洁效果和使用感受有了大幅度提升。当卸妆油将皮肤表面的彩妆溶解后，在冲水阶段，彩妆会随着乳化剂乳化溶入水中，皮肤表面就会被清洗干净。厚重的彩妆以及抗水性防晒产品，用含乳化剂的卸妆油通常可一次性清除。

（2）卸妆水

卸妆水的有效成分主要是乳化剂和多元醇。多元醇本身是极佳的溶剂，可以在乳化剂的作用下，可以更快地溶解彩妆，从而更快地卸妆。而且卸妆水的质地很清爽，使用起来非常舒服。

卸妆水具有很好的溶解力，可以快速卸除口红、眼影、粉底类的彩妆。不过使用卸妆水后需要用清水仔细冲洗皮肤，把皮肤表面残留的乳化剂和多元醇冲洗干净，以免残留物过度溶解皮肤表面的皮脂膜，造成皮肤干燥，甚至是皮肤屏障功能受损。

（3）卸妆乳

卸妆乳基本可以理解为卸妆水和卸妆油的结合，主要成分是水、多元醇、乳化剂和油脂，其油脂和乳化剂含量都较高。卸妆乳中的油脂和乳化剂可以溶解皮肤表面的彩妆和污垢，水和多元醇等成分使产品易于涂抹和使用。卸妆乳适合大部分彩妆的清洁，使用后皮肤感觉比较滋润。

▶ 化妆水

很多人可能分不清"爽肤水""柔肤水""收敛水"和"精华水"等概念。其实，在配方师眼中，这些水统称为化妆水，配方的架构本质上区别不大。

化妆水的类型与特点

类型	特点
爽肤水	最常见的类型，能为皮肤角质层补充水分；有时为了营造清爽的肤感，可能会加入酒精和清凉剂
柔肤水	能为皮肤角质层补充水分和保湿成分，使皮肤柔软和舒适
收敛水	能为皮肤角质层补充水分，还添加了具有抑制皮脂过度分泌、收敛、调理皮肤等作用的成分
精华水	较高端的化妆水，在补水保湿成分的基础上加入更多的功效成分，可以实现更多的护肤功效

化妆水通常用在皮肤清洁完成后，基本功能是为角质层补充水分和保湿。此外，有的化妆水中还会添加有柔肤、收敛、抗炎、清凉等作用

的成分。化妆水在基础护肤中发挥承前启后的作用，是皮肤清洁和皮肤保养之间很好的过渡。大家可以根据自己的皮肤类型和需求挑选适合自己的化妆水。

▶ 精华

精华其实是一种独特的产品类型。由于很多人想节省时间，简化护肤程序，希望用一种功效显著的"浓缩型产品"来应对各种肌肤问题，浓缩即精华，因此精华类产品就顺势而生了。

从严格意义上说，这类产品应该称为"美容液（essences、lotion或 toner）"，有些厂家也会宣称产品为"精华露""精华素""原液"或"肌底液"等。

美容液按剂型可分为水剂型、乳液型、纯油型三种，按功效可分为美白精华、抗皱精华、保湿精华、抗衰老精华、去红血丝精华、去黑眼圈精华、夜间修护精华等类型，按主打成分的不同可以分为玻尿酸原液、富勒烯精华、神经酰胺精华、绿茶精华、蜗牛原液、烟酰胺原液、虾青素精华液等类型。

美容液类产品中的代表性成分

成分类型		代表性成分
保湿剂		多元醇类（甘油、丙二醇、丁二醇）、透明质酸钠、甜菜碱、海藻糖、泛醇（维生素原 B_5 ）
润肤剂		植物油脂（霍霍巴油、橄榄油、向日葵籽油等）、合成油脂（碳酸二辛酯、角鲨烷、辛酸／癸酸甘油三酯等）、硅油类（聚二甲基硅氧烷、环五聚二甲基硅氧烷等）
增稠剂		卡波姆、黄原胶、纤维素类、聚丙烯酸钠等
活性成分	美白剂	熊果苷、烟酰胺、鞣花酸、曲酸、十一碳烯酰基苯丙氨酸、苯乙基间苯二酚等
	抗氧化剂	抗坏血酸（维生素C）及其衍生物类、生育酚（维生素E）、泛醌（辅酶Q10）、表棓儿茶酚棓酸酯（EGCG）、白藜芦醇等
	抗皱成分	多肽类（棕榈酰五肽-4、棕榈酰三肽-1、乙酰基六肽-8等）、抗坏血酸（维生素C）、视黄醇（维生素A）及其衍生物等
防腐剂		氯苯甘醚、苯甲酸钠、羟苯甲酯、苯氧乙醇等

美容液类的产品，在功能上和主打成分上有着很大的差异。因此，在选择产品时需要做一定的功课，从自身的皮肤问题出发，选择有对应功能的产品，还需要对皮肤耐受性进行测试，以免引发新的皮肤问题。

▶ 乳霜

　　乳霜类化妆品是我们日常生活中用得最多的一类护肤品，这类产品一般都有着奶油状黏稠的外观。早期的乳霜类化妆品是基础型护肤品，主要作用是保持皮肤角质层含水量。随着技术的进步，更多的功效性护肤成分相继被开发出来。乳霜类化妆品可以作为活性物质的载体，实现更多的功效，产品的细分种类也越来越多。

　　乳霜类化妆品按剂型可以分为水包油、油包水和多重乳液三种类型。

　　乳霜类化妆品的基础成分主要有润肤剂、保湿剂、乳化剂、增稠剂、防腐剂、功效成分等。由于含有润肤剂和保湿剂，乳霜类化妆品的保湿效果往往比一般的水剂化妆品和精华要更好。另外，乳霜类化妆品的配方结构可以承载更多的活性物质，因此，乳霜类的功效性护肤品在功能上可以做得很优异，实现美白、淡斑、祛痘等功能。

▶ 眼霜

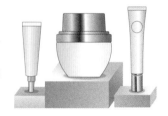

　　眼周皮肤常见的问题有浮肿、鱼尾纹、黑眼圈、眼周细纹、脂肪粒和眼袋等。眼霜是专门针对眼部皮肤设计的一类护肤品，能针对性地缓解或解决某些眼部皮肤问题。

眼周细纹主要是随着年龄的增长，真皮内胶原蛋白损耗等原因导致的，如果没有做针对性的保养，细纹很容易加深。另外，还有一类皱纹是动态皱纹，也叫表情纹，这类皱纹与眼部肌肉的收缩有关，在面部表情丰富时会变得更明显。已经形成的皱纹很难用护肤品解决。

黑眼圈主要分为色素型和血管型两大类。色素型黑眼圈是炎症或者其他因素导致的眼周皮肤色素沉着；而血管型黑眼圈是眼部血液循环不畅导致的，诱因通常是熬夜、生活作息不规律。也有不少朋友的黑眼圈是混合型的，也就是既有色素型因素，也有血管型因素。

眼袋分为脂肪型和水肿型两类。脂肪型的眼袋形成机理较复杂，眼部护理产品很难解决这一类问题；水肿型的眼袋主要是眼周微循环减慢、体液堆积导致的，这类型的眼袋比较容易祛除。

另外，如果眼部皮肤干燥，眼周也容易出现或深或浅的干纹，这时候就得注意眼部皮肤的保湿了，否则干纹可能会演变成真性皱纹。

眼周肌肤问题与对应的有效成分

眼周肌肤问题	对应的有效成分
干燥、干纹	保湿剂、润肤剂
水肿型眼袋、血管型黑眼圈	咖啡因、茶多酚、乙酰基四肽 –5、植物黄酮类
色素型黑眼圈	视黄醇（维生素 A）、抗坏血酸（维生素 C）及其衍生物、硫辛酸、茶多酚、泛醌（辅酶 Q10）等
皱纹	视黄醇（维生素 A）、抗坏血酸（维生素 C）及其衍生物、乙酰基六肽 –8、棕榈酰五肽 –4、蛇毒肽等

▶ 防晒产品 [1]

近年来，大家的防晒意识越来越强，很多人都意识到了防晒化妆品的重要性，甚至到了不涂防晒不出门的程度。但是，防晒化妆品的选择和使用还是有不少学问的。想不被晒伤或晒黑，还是要好好了解防晒化妆品中的门道。

◎ 紫外线对皮肤的影响

能到达地面的紫外线主要是紫外线 A（UVA）和紫外线 B（UVB）。紫外线 A 又叫长波紫外线，波长介于 320 ~ 400nm。紫外线 B 又叫中波紫外线，波长介于 280 ~ 320nm。其实，来自太阳的紫外线还有波长介于 100 ~ 280nm 的紫外线 C（UVC），只不过绝大多数紫外线 C 被臭氧层吸收了，无法到达地表。

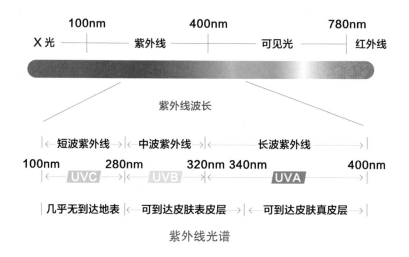

紫外线光谱

---

1. 本部分参考了《皮肤防晒专家共识（2017）》。

不同波长的紫外线对皮肤的损伤程度是不同的，波长越短，能量越强。UVA 有很强的穿透力，可以穿透大部分透明玻璃及塑料，太阳光中的 UVA 有 98% 以上能穿透臭氧层和云层到达地球表面。在阴天时的室外、晴天时靠窗边的室内依然能检测到大量的 UVA。UVA 可以到达皮肤的真皮层，破坏胶原蛋白、弹性纤维等皮肤内部的微细结构，造成光老化，令皮肤松弛、产生皱纹。UVA 还是皮肤晒黑的主要原因，照射皮肤后会引起黑色素沉着，使皮肤变黑。

太阳光中的 UVB 大部分被臭氧层所吸收，只有大约 2% 能到达地球表面，但是 UVB 的波长更短，能量更强，因此也不能轻视。UVB 可引起皮肤红肿、脱皮，导致晒伤。

此外，紫外线还会引起 DNA 损伤，使抑癌基因失活，容易引发皮肤癌。

◎ 防晒化妆品的分类

目前，防晒化妆品种类繁多，按照产品剂型可以分为防晒油、防晒乳、防晒霜、防晒棒、防晒喷雾等几种，其中防晒乳是最为常见和常用的。

按照防护功能划分，防晒化妆品可分为防晒制品和晒黑制品两种。防晒制品通常含有 UVA 和 UVB 的吸收剂和屏蔽剂，可以防止 UVA 和 UVB 晒伤、晒黑皮肤。晒黑制品在欧美地区比较受欢迎，喜欢小麦肤色的人对这类产品的需求较高。这类产品中含有 UVB 吸收剂，可防止 UVB 晒伤皮肤，由于没有添加或者只添加了很少的 UVA 吸收剂，因此没有防晒黑的功效。

◎ 认识防晒剂

防晒化妆品依靠防晒剂实现防护功效，常见的防晒剂分为有机防晒剂和无机防晒剂两大类。我们常用的防晒乳一般都将有机防晒剂和无机防晒剂复配使用。

（1）无机防晒剂

无机防晒剂通常能够反射和散射紫外线，从而保护皮肤免受紫外线的损伤。由于是通过物理方式阻挡紫外线，无机防晒剂对全波段的紫外线都能起到较好的防护作用。无机防晒剂涂抹后能立刻产生防护效果，且光稳定性极佳，因此防晒能力不会随着时间的推移而下降。它的安全性较好，通常不会刺激皮肤或者引起过敏症状。但是，无机防晒剂无法制成透明的产品，涂抹后皮肤容易泛白，其粒径对使用体验影响较大。

最常见的无机防晒剂是二氧化钛和氧化锌。

（2）有机防晒剂

有机防晒剂大多数是油溶性成分，可以制成清爽、柔滑、易于涂抹的产品。单一的有机防晒剂能吸收某个特定波段的紫外线。配方师通常会将几种有机防晒剂复配使用，这样在防晒剂用量较少的情况下，就可以提供较为全面、高效的防护。

常见的有机防晒剂有邻氨基苯甲酸甲酯、对甲氧基肉桂酸异戊酯、丁基甲氧基二苯甲酰基甲烷、二苯酮–3、甲氧基肉桂酸乙基己酯、奥克立林等。

◎ 防晒化妆品的指数，你看懂了吗？

防晒效果是防晒化妆品必须标示的参数，也就是我们常说的"防晒霜倍数"。在防晒化妆品的包装上，我们经常可以看到"SPF""PA"的字样，有些消费者可能还不太理解它们的含义，下面我们一起来了解一下这些专业术语吧。

（1）**防晒系数**（sun protection factor，SPF）

SPF 是评价防晒化妆品防日晒红斑能力的指标。我国对防晒化妆品有着严格的管理规定，检验防晒化妆品有效性的首要指标就是 SPF。

SPF 是一个比值，是涂抹防晒化妆品后将皮肤晒伤所需要的 UVB 辐射量与未涂抹防晒化妆品时所需 UVB 辐射量之比，主要反映防晒化妆品对 UVB 的防护能力。SPF 值越大，其防 UVB 的效果越好。

（2）**UVA 防护指数**（protection factor of UVA，PFA）

PFA 是评价防晒化妆品防晒黑能力的指标，PFA 值越高，防晒黑效果越好。

PFA 也是比值，是引起被防晒化妆品防护的皮肤产生黑化所需的 MPPD（最小持续性黑化量）与未被防护的皮肤产生黑化所需的 MPPD 之比。所谓最小持续性黑化量是指辐照后 2 ~ 4 小时在整个照射部位皮肤上产生轻微黑化所需的最小紫外线辐照剂量或最短辐照时间。

防晒化妆品上常用 PA 等级来表示产品的 UVA 防护能力。PA 等级与 PFA 值的对应关系如下：

PFA 值	PA	防护等级
2 ~ 3	PA+	轻度防护
4 ~ 7	PA++	中度防护
大于等于 8	PA+++	高度防护

◎ 防晒化妆品的选择和使用

（1）认识紫外线指数

紫外线指数（UVI）是衡量某地正午前后到达地球表面的太阳辐射中的紫外线辐射对人体皮肤、眼睛等器官可能的损伤程度的指标。紫外线指数用 0 ～ 15 来表示，取夜间的紫外线指数为 0，热带高原晴天时的紫外线指数为 15。紫外线指数越高，紫外线对皮肤和眼睛的伤害越大。气象上通常根据紫外线对人体可能的影响将紫外线指数分为 5 级。

紫外线指数与防护措施

级别	紫外线指数	紫外线强度	建议采取的防护措施
1 级	0、1、2	最弱	无须防护
2 级	3、4	弱	外出时戴遮阳帽、太阳镜
3 级	5、6	中等	外出时戴遮阳帽、太阳镜，涂 SPF 大于 15 的防晒化妆品
4 级	7、8、9	强	上午 10 时至下午 4 时避免外出，如要外出就尽量待在遮阴处并戴遮阳帽、太阳镜，涂 SPF 大于 15 的防晒化妆品
5 级	≥ 10	很强	尽可能不在室外活动，必须外出时要采取更严格的防晒措施

一般中午时分为每天紫外线指数最高的时段，而春末和夏季是紫外线指数最高的季节。海拔越高，紫外线越强。沙滩、雪地、城市高层建筑的墙面或玻璃幕墙、汽车窗玻璃、硬化地面（如沥青路面、水泥路面）都会反射紫外线，从而使紫外线指数升高。在室外活动时，要注意规避紫外线指数高的时段和地点，或在树荫里、山坡阴面从事户外活动。

紫外线指数预报是一种十分有用的预报，根据预报主动采取相应的防晒措施，就可以有效规避紫外线造成的损伤。通常，地方气象台和专业的气象站会通过媒体在每天上午

9时之前发布当天的紫外线指数预报，在当天下午3时之后发布第二天的紫外线指数预报。大家可以看电视上的天气预报或通过气象网站、报纸、天气预报APP等渠道查询紫外线指数预报。当紫外线指数达到3或3以上时，就要采取一定的防晒措施了，如穿长袖衬衣、戴墨镜、打遮阳伞（可选择有防紫外线功能的）、涂抹防晒化妆品等。

（2）防晒化妆品的选择

防晒化妆品的选择存在很多误区（详见白银篇）。选对防晒化妆品对防晒而言绝对是事半功倍。

在我国，防晒化妆品属于特殊化妆品，无论是国产防晒化妆品还是进口防晒化妆品，都必须取得合法的"身份证"才可以销售。大家在选购时可以在美丽修行APP上查询该产品是不是正规产品，还需要核对产品标签上的成分信息是否与查询到的一致，确认无误后才可购买。

应该选择防晒系数为多少的产品呢？建议大家选择几个不同系数的产品，而不是一味地追求高倍数的产品。日常选择SPF值在15左右的产品就足够了；长时间在户外活动时，需要选择SPF值在15以上的产品；如果要参与涉水的活动，最好选择防水的产品。

（3）防晒化妆品的使用

在使用防晒化妆品前，需要关注活动范围的紫外线指数，根据紫外线指数采取防晒措施。每天都有必要防晒，但是不一定都是靠涂防晒化妆品防晒。

活动环境	建议使用的防晒化妆品
可能受到紫外线照射的室内（靠窗，要接触强荧光灯、驱蚊灯、娱乐场所的霓虹灯等）	SPF15、PA+ 以内的产品
阴天的室外或树荫下	SPF15~25、PA+~++ 的产品
秋冬季节晴朗的室外	SPF25~30+、PA++~+++ 的产品
雪山、海滩、高原等，春末、夏季晴朗的室外	SPF50+、PA++++ 的产品

另外，要在出门前 15 分钟涂抹防晒化妆品。涂抹的厚度要适宜，不能太薄，用量的国际标准是 $2mg/cm^2$，平时涂抹时，一般取 1 元硬币大小的防晒化妆品涂于整个面部即可。一般产品需每隔 2 ~ 3 小时补涂一次，具体的涂抹时间和频率可参照防晒化妆品的说明书执行。

▌▶ 面膜

面膜类化妆品是护肤品的一个重要类型，近年来更是成了最火热的产品。敷面膜成了很多朋友在护肤时极具仪式感的一个步骤。

面膜按照功能可分为清洁面膜、保湿面膜、美白面膜、去角质面膜、抗皱面膜等类型，按照使用方式可分为贴片式面膜、撕拉式面膜、水洗式面膜、免洗面膜（睡眠面膜）等类型。其中，大家用得最多的就是贴片式面膜了。

贴片式面膜覆盖在面部皮肤上时，可以短暂隔离外界空气，形成局部的封闭环境，这样面膜中的水分和功效成分就能更加高效地渗入皮肤角质层中，快速提升角质层水分含量，使皮肤呈现更加润泽的状态。

贴片式面膜一般是用面膜布吸附配制好的美容液制成的，使用时撕开包装即可使用，十分方便。影响这类产品使用体验和功效的重要因素是面膜布的材质和美容液的品质。面膜布的材质有无纺布、铜氨纤维、生物纤维等类型，这些材质的使用感受差异很大。面膜中的美容液更是至关重要，面膜的功效就取决于这些美容液的品质。

▶ 身体护理产品

身体护理产品包括所有直接用在身体肌肤上的护理产品。常见身体护理产品有沐浴露、爽身粉、身体乳、身体磨砂膏等。按照产品剂型划分，常见的产品有乳液、润肤油、润肤露、保湿霜、喷雾等。身体护理产品的功能除了常规的清洁、保湿、润肤等，还有舒缓抗敏、调理肤色、去"鸡皮肤"、去角质等。

身体护理类产品的主要类型

类型	说明
沐浴露	与洗发露的差异主要在于调理成分的差异；泡沫的多少对清洁效果没有必然的影响，但丰富绵密的泡沫会带来更好的使用体验
身体乳	基本的功能是滋润皮肤，保持皮肤柔滑和细腻；随着市场需求和技术的发展，还出现了有去角质、美白、去"鸡皮肤"、修护等功能的产品
身体磨砂膏	能通过摩擦去除皮肤表面的废旧角质，对去"鸡皮肤"也有一定的效果

随着社会的发展，传统的身体护理产品已经满足不了大家的需求了，一些针对特定部位肌肤或者特定肌肤问题的产品陆续出现，例如修复腹部妊娠纹的护理产品、保持腋下干爽或减少出汗的止汗棒、掩盖身体异味的芳香喷雾等。未来，这样的产品会越来越多，产品的功效也会越来越强。

▶ 头发护理产品

发型是我们日常生活中很重要的形象表现形式。拥有健康柔亮的头发是非常多朋友的追求，因此，头发护理产品也是日常生活中必不可少的。

理想的头发的四个基本特征是乌黑、柔亮、结构紧密、有弹性。护理头发的目的是让头发柔顺、健康。头发的护理工作主要分为洗发和护发两项，这两项都做好了，才能养出健康亮丽的秀发。在选择产品之前，我们应该先搞明白自己的发质，再去选择适合自己的产品。

发质的类型与特点

发质类型	特点
中性发质	头发不油腻，不干燥，软硬适度，有光泽，柔顺；头皮油脂分泌正常，只有少量头皮屑。这是最健康的一种发质
油性发质	头发油腻，摸起来有黏腻感，常有油垢；头皮油脂分泌旺盛，头皮屑多，头皮易瘙痒
干性发质	头发僵硬，弹性较差，干燥、无光泽，易打结，发梢分叉，摸起来有粗糙感，不润滑，造型后易变形；头皮油脂分泌较少，易有头屑
混合性发质	头发根部分比较油腻，而发梢部分干燥分叉，出现多油和干燥并存的现象
受损发质	头发干枯、分叉，弹性差，脆弱易断，变色或鳞状角质受损，头发内层组织解体等（高温和化学药剂会损伤头发的生理构造，导致头发进一步受损）

◎ 洗发类产品

洗发类产品琳琅满目，按使用人群划分可分为婴儿洗发露、婴幼儿洗发露、儿童洗发露、孕（产）妇用洗发露、女士用洗发露、男士用洗发露等多种类型，按产品功能划分可分为去屑洗发露、修复洗发露、润养保湿洗发露、防脱育发洗发露、护色护卷洗发露、多功能护理洗发露等类型。

理想的洗发产品应该具有适度的清洁力，在保证洗涤效果的同时，又不会导致头发干燥。所以在选择洗发产品时，不要一味追求清洁力，清洁力过强的洗发产品容易导致头发、头皮过度脱脂，用后容易出现头发干燥、头屑增多等不良反应。此外，还要结合自己的发质和头皮状态，选择适合自己的功能性产品。

◎ 护发类产品

紫外线、日常生活中的机械损伤（日常梳理、牵拉等）、热损伤（电吹风吹发、卷发棒加热等）和化学损伤（染发、漂白等）都可能使头发受损。头发与皮肤不一样，受损后是无法自行修复的。所以在清洗头发后，还需要对头发进行针对性的护理。

常见的护发产品有护发油、护发素、发膜等，这些产品中的油性成分可以附着在头发表面，使头发显得更加顺滑、有光泽。

适当使用护发素能够让头发顺滑，减少毛鳞片的摩擦损伤。但值得注意的是，大部分护发素含有阳离子表面活性剂，具有一定的刺激性，不能直接接触头皮，只能涂抹在头发中段到发尾处。

护肤品成分解读

　　化妆品的好坏和其使用的成分以及产品的配方、工艺都有关。全球各国对化妆品成分的规定各有不同，我国 2021 年版的《已使用化妆品原料目录》收录了 8972 种化妆品成分，而有的国家许可使用的成分有 2 万多种。这些成分的数量比英语六级单词的数量还要多，一般的消费者是很难全部熟悉的。

　　这里，我们仅介绍一些特别常见的成分。

▶ 保湿成分

　　"补水"是美容顾问常提到的一个概念，其实，更重要的是保湿。保湿的目的是维护皮肤屏障的健康状态。正常的角质层含水量为 10% ~ 20%；当角质层含水量降低到 10% 以下时，皮肤就会出现干燥、脱屑、瘙痒等缺水表现。

　　补水就是提升角质层含水量的过程，然而仅仅将水分补进去是不够的，还要做好保湿工作才能留住这些水分。一个完整的保湿系统通常包含封闭剂、保湿剂、柔润剂等成分。

（1）保湿剂

保湿剂主要通过抓取和输送水分来维持皮肤的水分含量。常见的保湿剂有甘油（丙三醇）、透明质酸钠、尿素、乳酸钠、丙二醇、山梨醇、丁二醇、泛醇（维生素原B_5）、PCA 钠（吡咯烷酮羧酸钠）、海藻糖等。

（2）封闭剂

封闭剂通过在皮肤表面形成一层油性的疏水薄膜来阻止水分蒸发。常见的封闭剂有矿脂（凡士林）、羊毛脂、液体石蜡（矿物油）、蜂蜡、植物蜡（比如巴西棕榈蜡、小烛树蜡）、硅油（比如聚二甲基硅氧烷）、卵磷脂、硬脂酸等。

（3）柔润剂

柔润剂也叫润肤剂，通常是油性物质，可填充角质层的空隙，使皮肤光滑、柔软。

柔润剂包括各种植物油脂（如霍霍巴油）、合成油脂（如异十六烷）等。

◇ 友情提示 ------------------------------------◇

通常油性皮肤自身就会分泌过量油脂，不需要大量的封闭剂，而且有的封闭剂可能会引发粉刺。而对干性皮肤来说，柔润剂和封闭剂是非常必要的。

▶ 活性成分

活性成分的功能多种多样，大家可以针对不同的护肤需求，选择合适的活性成分。

（1）美白、淡斑

有抑制酪氨酸酶活性和加快色素代谢作用的成分有利于美白淡斑。值得注意的是，不少成分虽然有不错的效果，但是容易刺激皮肤，并且通常需要连续使用好几个月才能见效。

常见的美白淡斑成分有烟酰胺、曲酸、熊果苷、桑根提取物、抗坏血酸（维生素C）、维生素C衍生物、视黄醇（维生素A）、光甘草定、果酸（α-羟基酸）、间苯二酚衍生物（苯乙基间苯二酚、4-丁基间苯二酚、己基间苯二酚等）。

（2）抗氧化、抗皱

做好防晒和适当抗氧化可预防皱纹的形成，预防的效果往往胜于治疗。护肤品中的一些活性成分能够通过促进胶原蛋白及透明质酸的合成、调节面部肌肉收缩功能等来达到延缓皱纹产生、改善皱纹的目的，常用的成分有植物类抗氧化剂、维生素及其衍生物、美容多肽类成分等。

植物类抗氧化剂：水解大豆提取物、姜黄素、茶多酚、叶黄素、番茄红素、迷迭香酸、啤酒花提取物、石榴提取物等。

维生素及其衍生物：生育酚（维生素E）、生育酚乙酸酯、硫辛酸、抗坏血酸（维生素C）、视黄醇（维生素A）等。

美容多肽类：棕榈酰五肽、六肽等。

辅酶类：泛醌（辅酶Q10）等。

（3）舒缓抗炎

很多皮肤问题，比如痤疮、毛细血管扩张、湿疹等，都伴随着不同程度的炎症反应。具有舒缓、抗炎作用的成分有尿囊素、泛醇（维生素原 B_5）、马齿苋提取物、甘草酸二钾、红没药醇、月见草油、洋甘菊提取物、金盏花提取物、银杏叶、茶提取物、啤酒花提取物、积雪草提取物、七叶树提取物等。

（4）去角质

有去角质作用的常见成分有水杨酸、羟基乙酸、乳酸、扁桃酸、木瓜蛋白酶等。

（5）控油、缓解痘痘

大油田和痘痘肌需要能去除油分、减少皮脂分泌、有收敛和抗炎作用的成分。常见的成分有水杨酸、壬二酸、芦荟提取物、烟酰胺、金缕梅提取物、视黄醇（维生素 A）、果酸（α－羟基酸）、互生叶白千层叶油（茶树油）等。

以上只是粗略的总结，一些活性成分不止有一种功效，比如烟酰胺，它既有美白效果，也有抗炎效果。其实，经学术界和护肤品研发人员反复研究证明安全、有效、好用的经典成分都很常见。

▶ 成分解读注意事项

◎ 查看成分表的途径

当前消费者有三种途径查看化妆品的全成分表：一是查看化妆品包

装盒上的成分表，二是通过国家药品监督管理局官网查询，三是通过美丽修行 APP 查询。

◎ 成分表的基本解读方法

　　按照法规要求，成分的排序必须依据各成分浓度高低进行顺位排序，但当成分浓度低于 1% 的时候，可以按任意顺序排列。所以大家会发现排在成分表第一位的通常都是水，因为水作为重要的溶剂，添加量往往是最高的，尤其是化妆水类的产品。有些成分（通常是防腐剂等）的添加上限是 1%，根据这一条，我们可以大致判断产品中含量高于 1% 和低于 1% 的成分有哪些。

　　特别值得注意的是，成分排名的先后顺序不代表它们的绝对重要性。很多有效成分含量可能不高，但是它们是化妆品发挥功效的重要因素。在一些精华产品中，一些功效成分的添加比例会达到 5% 甚至更高，比如烟酰胺、抗坏血酸（维生素 C）等，这些成分在成分表上可能会排得比较靠前，但是视黄醇（维生素 A）以及一些多肽类成分，只需要添加很低的比例，就可以起到很好的效果，这些成分在成分表上会排得比较靠后。

　　想要了解更多这方面的内容的话，可以在网上搜索《化妆品全成分标识解读指南》，这个指南是由中国香料香精化妆品工业协会和中国消费者协会联合发布的针对公众的普及型读本，旨在帮助人们正确理解化妆品标签上采用的全成分标识。

◎ 解读成分表的好处和局限性

通过解读成分表，消费者可以对产品的成分有更深入的了解，可以有倾向地选择功效相对突出、成分相对温和的产品。比如，敏感性皮肤的朋友可以通过查看成分表避开一些刺激性成分，准妈妈也可以选择对自己和宝宝更安全的产品。对产品广告中宣传的功效，我们也可以通过查看成分表中有没有一些实实在在的功效成分来推断产品可能达到的效果。

当然，通过成分表评价化妆品也有局限性。一款化妆品就如一道菜一样，原料是基础，而不同原料如何搭配、比例是多少、用什么工艺，都是有讲究的。此外，原料纯度、供应商等也会影响产品功效，而这些都无法从成分表上判断。不过，就算知道这些细节，消费者也没有办法逐个深入研究，因为消费者毕竟不是专业人士。其实，了解一款产品更简单、实用的方式是参考产品的用户点评，尤其是相同肤质的用户的点评，这个方式我们将在书的后半部分重点说明。

◎ 化妆品成分的安全性

防腐剂和香精不是洪水猛兽。为了防止变质，常规化妆品必须有防腐体系。一些宣称不含防腐剂的产品，通常都有一定的特殊性，例如：产品是一次性使用的，而且是真空无菌灌装；或者产品本身是粉末状的，不含水，而且保质期偏短。实际上更多情况是产品使用的某些原料本身具有抑菌抗菌功效，并且这些原料不在《化妆品安全技术规范》中列出的化妆品准用防腐剂表格上。

对香精香料不过敏的人，完全可以使用含有香精的产品。大部分化妆品都会添加香精，因为很多化妆品原料的味道不算好闻，香精可以修饰气味，令人愉悦。对香精香料过敏的人，可以关注一下欧盟列出的26 种化妆品香料过敏原名单。

序号	INCI[1] 名称	中文名称
1	amyl cinnamal	戊基肉桂醛
2	benzyl alcohol	苯甲醇
3	cinnamyl alcohol	肉桂醇
4	citral	柠檬醛
5	eugenol	丁香酚
6	hydroxycitronellal	羟基香茅醛
7	isoeugenol	异丁香酚
8	amylcinnamyl alcohol	戊基肉桂醇
9	benzyl salicylate	水杨酸苄酯
10	cinnamal	肉桂醛
11	coumarin	香豆素
12	geraniol	香叶醇
13	hydroxyisohexyl 3-cyclohexene carboxaldehyde	羟异己基 3- 环己烯基甲醛
14	anise alcohol	茴香醇
15	benzyl cinnamate	肉桂酸苄酯
16	farnesol	金合欢醇
17	butylphenyl methylpropional	丁苯基甲基丙醛
18	linalool	芳樟醇

---

1. INCI 是 international nomenclature of cosmetic ingredients 的缩写，意为国际化妆品原料命名。

序号	INCI 名称	中文名称
19	benzyl benzoate	苯甲酸苄酯
20	citronellol	香茅醇
21	hexyl cinnamal	己基肉桂醛
22	limonene	苧烯
23	methyl 2-octynoate	2- 辛炔酸甲酯
24	alpha-isomethyl ionone	异甲基紫罗兰酮
25	evernia prunastri extract	橡苔提取物
26	evernia furfuracea extract	树苔提取物

备注：这个名单上的香精不是禁用成分，而是常用但容易引起特定人群过敏的成分。除了孕妇、儿童和易过敏人群，正常人可以不用介意。

全球有一些权威的化妆品安全风险评估机构，如美国化妆品原料评估委员会（CIR）、欧盟消费者安全科学委员会（SCCS）等。然而，这些权威机构的安全风险评估结果是给业内人士看的，基本全是专业术语。美国的 CIR 网站上一个成分的安全评估文档就有几十页，对于一般消费者来说，这样的文件并没有可读性。所以，民间有了 EWG（美国环境工作组）和德国的 ÖKO-TEST（生态测试机构）这样的组织和机构。

EWG 是美国知名环保组织，它会对单一成分的安全性给出 1 ~ 10 的评分，一般消费者都可以看懂，可参考性强。很多化妆品成分查询 APP 都会引用 EWG 对成分的安全评分给消费者参考，比如加拿大的 THINKDIRTY（一款化妆品安全性查询 APP），国内的美丽修行 APP 都引用了 EWG 的评分。EWG 自己旗下还有一个叫 SKINDEEP 的

APP。

EWG 关于部分成分的评分也有争议，但有争议是一件好事，说明很多人关注。学术界从来不乏争议，这是信息自净的过程。

ÖKO-TEST 对于产品安全性的评估达到了苛刻的地步，各大知名品牌的产品也经常被评出很差的等级。它的弊端在于在安全性上过于苛刻，且把安全性作为唯一的评价标准，却忽视了对产品本身营养和功效的评估。

可以这么理解，EWG 和 ÖKO-TEST 评出的差评产品不一定差，但是好评产品一定是安全性较高的产品。在美国亚马逊网站的护肤品评论区，经常可以看到用户评论：看到 EWG 推荐去买的，真的很温和、很好用，用了不会过敏，等等。

但是，安全是相对的，安全性有保证并不代表所有人在任何情况下使用都绝对安全，具体情况还是得看肤质、体质。走完各种程序合法上市的化妆品，大部分人在正常情况下使用是不会出现问题的，但是不排除在个别人身上会出现不良反应。就像有人会对牛奶、海鲜这样的食物过敏一样，消费者使用化妆品后出现过敏、不适或接触性皮炎等情况也是很常见的。

错误认知 = 安全隐患

中国备案的化妆品多达 100 多万种，而监管部门只能抽检到其中很小一部分产品。那些有违法添加行为的商家很讨厌，但是，选择权是在我们自己手上的。

如果你相信有产品可以做到 5 天美白、7 天祛斑，那么你就很容易碰上那些有违法添加成分的产品。如果你不根据自己的肤质挑选产品，长痘了还买油腻的乳霜、重度敏感还去用果酸等刺激强的产品，那么即便这些产品中不含重金属、激素等有害成分，它们也会导致你的皮肤问题加剧。

如果你建立了正确的认知，就不容易做出盲目和错误的判断，你的皮肤受刺激的风险就会大大降低，这样你护肤的安全性就会更有保障。

你知道这些也会影响你的皮肤吗？

▶ 影响皮肤健康的外在因素

◎ 紫外线强度与皮肤健康

紫外线是对皮肤健康威胁最大的环境因素。虽说万物生长靠太阳，但是太阳光对于人类来说是一把双刃剑，太阳光中的紫外线切切实实地影响着人类的健康，甚至还在人类进化中起着自然选择的作用。

紫外线会对皮肤产生光损伤作用，过度暴露在紫外线下，皮肤会出现日晒红斑甚至日晒损伤。紫外线不仅能晒伤、晒黑皮肤，加速皮肤老化，还会增加皮肤癌的发病风险。

从根本上说，人类的肤色和健康与紫外线辐射的强度高度相关。生活在赤道附近的人肤色更深，原因是深色皮肤中含有更多的真黑素，可以更好地保护皮肤，防护紫外线诱导的损伤，降低患皮肤癌的风险；对于在高纬度地区生活的人来说，浅肤色可以帮助他们更好地利用紫外线促进维生素 D_3 的合成，从而促进钙的吸收，降低患维生素 D 缺乏症的风险。

◎ 温度对皮肤健康的影响

我们这里探讨的温度，是指空气的冷热程度。空调和暖气的普及使得我们大部分时间都可以生活在温度适宜的室内，适宜的温度有利于维护我们自身的健康和皮肤的健康。人体皮肤其实对外界温度的变化很敏感，一旦皮肤的调节作用不足以应对外界温度的变化，皮肤就会出现异常状况。

人类是恒温动物，体温基本保持在 37℃左右，平均皮肤温度在 33℃左右。当气温升高时，人体血管会扩张、血流会加快、出汗会增加，从而散发热量。当气温的升高超过人体的适应能力时，高温就会成为致病因素。在高温环境中生活、工作，或者局部皮肤长时间受热等，都可能引发皮肤病变。在天气寒冷或者外界温度下降时，人体血管会收缩、血流会减慢，以保持体温。假如皮肤暴露在低温环境中的时间过长，就容易出现冻伤或其他皮肤问题。

皮肤对外界温度有着极强的感知能力。当我们经历超过 4℃的温差变化时，比如从炎热的室外走进有冷气的室内，或者从寒冷的室外进入暖气房，我们表皮下的毛细血管会急剧舒张和收缩。如果变化超过人体自身的适应能力，这种生活中的温度剧变也会成为皮肤问题的诱因。

◎ 湿度对皮肤健康的影响

我们常用相对湿度表示空气的潮湿和干燥程度。空气湿度与皮肤健康有着十分密切的关系。

研究表明，50% ~ 60% 的相对湿度对人体而言是比较适宜的。在炎热的夏季，当相对湿度过高时，人会感觉湿热难受，由于皮肤表面的水分不易蒸发，汗液会浸渗至角质层，这就容易引发皮肤问题。当相对湿度过低时，皮肤的水分蒸发加快，皮肤就很容易变得干燥、粗糙，甚至起皮屑、瘙痒等。皮肤过度干燥、角质层含水量过低，又会引发一系列更复杂的皮肤问题。不仅秋冬季节有干燥的问题，在夏季的空调房内，相对湿度也经常低于40%，这就需要我们特别注意皮肤的保湿工作。

◎ 空气污染对皮肤健康的影响

随着经济的发展，空气污染日趋严重，空气污染对人类健康的影响已成为大家关注的焦点。空气中的污染物主要有悬浮颗粒（如PM2.5、PM10）、挥发性有机物、臭氧、一氧化碳、氮氧化物（如一氧化氮、二氧化氮）及硫氧化物（如二氧化硫）等，这些污染物不但会刺激眼睛、上呼吸道，还会对皮肤产生危害。

在中国，空气污染物的主要来源是化石燃料（煤、石油、天然气）的燃烧、扬尘和森林火灾，而在大城市，光化学烟雾和汽车尾气也是空气污染物的主要来源。

空气污染物中的颗粒物附着在皮肤表面，会造成皮肤颜色暗沉、无光泽，并加快皮肤老化；空气污染物还会影响皮肤的皮脂分泌。此外，空气污染会增加皮肤敏感的发生率，诱发湿疹和皮炎。

▶ 影响皮肤健康的生活习惯

◎ 熬夜

睡眠不足是皮肤健康的大敌。熬夜和睡眠质量差会损害皮肤屏障的完整性，进而影响皮肤的健康。在睡眠不足的情况下，皮肤细胞的各种调节活动都会受到不利影响。香甜的睡眠不但可以消除疲劳，而且可以促使皮肤细胞的调节活动正常进行，促进皮肤的修复，延缓皮肤老化。保证充足的睡眠还可降低痤疮的发生率。

◎ 不良饮食习惯

长期高糖饮食可使血糖升高，导致皮肤中的糖化反应加剧，从而加速皮肤的衰老。此外高糖饮食还会使胰岛素样生长因子的分泌增加，这种成分会刺激皮脂的分泌，使皮肤变得更油。辛辣食物可刺激皮肤毛细血管、微小血管及皮脂腺，促使皮脂腺分泌更多皮脂，严重的还会诱发和加重痤疮。

◎ 工作压力大、易焦虑

现代社会中，人们的内心往往积压着各种压力，并且容易焦虑。工作紧张、精神压力大、情绪不稳定会影响内分泌系统，从而降低皮肤屏障的修复速度，有可能导致皮肤问题，轻则皮肤苍白暗淡或出现小疙瘩、发痒，重则患上湿疹、痤疮、神经性皮炎等皮肤病。压力是痤疮的危险因素，压力信号会激活下丘脑—垂体—肾上腺轴，诱导身体分泌相关激素并作用于皮肤感受器，使皮脂分泌加剧，甚至引发痤疮。

一些皮肤病患者被反反复复的红疹、瘙痒困扰着，无法正常地休息和工作，这又会影响人的情绪，导致病情加剧，形成恶性循环。

◎ 长期面对电脑、手机等电子产品

电脑、手机等电子产品的屏幕存在一定的蓝光辐射。蓝光能够穿透眼睛的晶状体直达视网膜。高强度的蓝光可引起视网膜色素上皮细胞萎缩甚至死亡，严重的会导致视力下降甚至完全丧失，而且这种损伤是不可逆的。蓝光还能穿透皮肤组织，并且具有光毒性，能影响皮肤细胞的生长、代谢，导致 DNA 损伤，并加速皮肤老化。此外，蓝光还可以增加黑色素的合成，使皮肤变得更暗沉。

◎ 长期酗酒、抽烟

吸烟——不管是一手烟还是二手烟——都会损害身体健康，其中皮肤受到的损害非常显著。香烟烟雾中的尼古丁、胺类、一氧化碳、氮氧化物等化合物会明显加速皮肤老化。有实验证实，香烟烟雾可以破坏皮肤屏障功能、加快真皮层胶原蛋白的降解、刺激自由基生成，从而加快皮肤老化。

饮酒会使血管长时间处于扩张状态，并加速胶原蛋白的流失，让皮肤提早进入老化状态，还会让皱纹提早出现。

02

白银篇

基础护理无死角

清洁

辟谣

◎ 不化妆也要用卸妆产品

即使不化妆，皮肤表面也会产生少量的代谢产物，还可能有空气污染物等的残留。但是，用常规的洁面产品就可以将这些日常污垢清洗干净，不需要额外使用卸妆产品，否则可能会因过度清洁而损伤皮肤。

◎ 洁面后有油膜感是没洗干净

洁面后皮肤有油膜感并非都是没洗干净，尤其是用了卸妆油的时候。

正常来说，为了避免消费者使用后面部皮肤干燥紧绷，很多洁面产品中会添加一些水溶性的润肤成分（比如 PEG-50 牛油树脂、霍霍巴蜡 PEG-120 酯类等），以便让产品的肤感更好。用这类产品洁面后皮肤会比较润泽、带有自然光泽。

◎ 用清水洗脸，皮肤状态会更好

用清水洗脸的方法并不适合所有人。

本身皮脂分泌很少或皮肤非常敏感的人，可以用清水洗脸。正常肤质或者皮肤容易出油的人如果不使用清洁类的产品，可能会因皮肤上的代谢物（皮脂、皮屑等）、防晒产品残留等长期得不到有效清洁而出现黑头、痘痘等皮肤问题。

◎ 泡泡越多，洗得越干净

泡泡的多少，与洗得干净与否没有必然的联系。丰富的泡沫能减少手部与面部皮肤的摩擦，提高清洁效率，但泡沫丰富度和清洁力度不一定成正比。产品是否能把皮肤洗干净还要看其清洁成分的类型、产品使用量以及皮肤上污垢的多少。

◎ 长期使用皂基类洁面产品会伤害皮肤屏障

这个问题不能一概而论，要看产品配方和个人肤质。皂基类洁面产品泡沫丰富细腻、清洁力强、易冲洗，用后皮肤感觉很清爽，很适合油性皮肤的人。但因为皂基类洁面产品脱脂力强，皮肤干燥、敏感的人长期使用容易导致过度清洁，严重的可能会损伤皮肤屏障。不过，随着产品配方技术的提高，通过复配温和的表面活性剂和润肤剂等方式，部分皂基类洁面产品能够兼顾清洁和保湿，所以还要看具体使用的是哪款产品。

◎ 洁面产品可以卸除防晒吗？

目前市面上大多数防晒系数低或者防水性差的防晒产品都可以用洁面产品清洗干净。但对于一些防晒系数高或者防水性好的产品，由于其配方体系里有成膜剂和较多的防晒剂，适当用一些卸妆产品更容易将残留的防晒产品清洗干净。近年来，有些产品会在包装上注明是否需要卸妆，我们在使用时可以参照使用说明进行清洁。

◎ 洗卸二合一的产品能彻底卸除彩妆吗？

卸妆的原理是利用"相似相溶"原理，用油脂带走面部油溶性的彩妆，特别是相对浓重的彩妆。而洁面产品主要是用表面活性剂带走面部的污垢，适用于清洁日常的面部污垢。

"洗卸二合一"更多的是一种产品概念：卸妆和洁面同时做，又快又省，既可解决护肤流程烦琐的问题，又能避免过度清洁损伤皮肤屏障。至于这类产品是否能彻底卸除彩妆，不能一概而论，主要得看产品配方中清洁剂的用量及搭配，还需要在洗后观察面部清洁情况。如果化了浓妆，还是建议使用专门的卸妆产品，这样比较保险。

◎ 眼部和唇部卸妆一定要用专门的眼唇卸妆产品吗？

眼部和唇部的皮肤相较面部其他地方的皮肤更加脆弱，而睫毛膏和口红都是比较难卸的彩妆，这就要求卸妆产品既能有效卸除彩妆，又不会刺激皮肤。于是乎，眼唇卸妆产品应运而生，这类产品的配方对温和性的要求更高。

不过眼唇卸妆产品只是一个细分，很多常规卸妆产品都是足够安全、温和的，既可以卸除眼部和唇部彩妆又不会伤及皮肤，因此没必要刻意选择专门的眼唇卸妆产品。

◎ 是用冷水洗脸好还是用热水洗脸好？

有种说法认为，用冷水洗脸可以收缩毛孔。根据热胀冷缩的原理，用冷水洗脸后，皮肤的毛孔可能短暂地收缩，但是皮肤温度很快就会恢复至正常温度，毛孔也会恢复原来的大小，所以用冷水洗脸并不能收缩毛孔。不仅如此，用冷水洗脸还可能引起皮肤不适。

另一种说法是用热水洗脸可以帮助皮肤打开毛孔，有助于清洁毛孔和促进护肤品吸收。实际上，热水容易破坏皮肤表层的皮脂膜，加重水分流失，洗后如果不及时做好保湿工作，皮肤容易出现干燥和其他问题。

所以，最好用温水洗脸，这样面部会比较舒适。

◎ 用毛巾洗脸、用洗脸巾洗脸、用手洗脸，哪种方式更科学？

毛巾的纤维比较粗，对面部的摩擦力会比较大，虽然清洁力比较好，但长期使用会对面部皮肤造成一定的机械损伤，特别是敏感肌。此外，重复使用的毛巾，如果没有及时晾干，就容易滋生细菌。

洗脸巾一般是一次性使用的膜布，布料相对柔软，擦拭面部时摩擦力相对小一些，又能比较好地擦掉面部残余的污垢或者彩妆，有助于清洁皮肤。次抛产品也不会有用后细菌滋生的风险。选择洗脸巾时需要注意，布料越柔软越好。此外，用过的洗脸巾就不要二次上脸了。

用手配合洁面产品洗脸一般也能洗干净，但不如洗脸巾洗得彻底。用手按摩也不会对皮肤造成机械损伤。因此面部皮肤敏感脆弱时，最适合用手洗脸。洗脸后，要及时用干净的毛巾把面部的水分擦干。

综上所述：

清洁力：毛巾≥洗脸巾＞手

摩擦力：毛巾＞洗脸巾＞手

卫生程度：手＞洗脸巾＞毛巾

综合来看，用洗脸巾洗脸更加科学。

 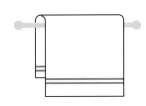 

◎ 使用洁面产品需要搭配起泡网吗？

起泡网是帮助洁面产品快速搓出丰富泡沫的辅助清洁工具。一般洁面产品中都会加入起泡剂（表面活性剂），让产品比较容易在手心起泡。而有些洁面产品（尤其是早期的氨基酸类洁面产品）因为使用的起泡剂量较少或者发泡性能较弱，单纯用手打泡的话，不容易搓出丰富的泡沫，此时使用起泡网能加快起泡速度，提高清洁效率。因为起泡网有很多网孔，这种结构很容易引入空气，空气与起泡剂充分混合后，就能快速打出丰富绵密的泡沫。

一般洁面产品用手就可以起泡，不需要用起泡网。想要起泡更多，在两手对搓的过程中，手心与手指应尽量放松，尽可能让手上的膏体多与空气接触。

◎ 洁面产品的质地对清洁力有何影响？

洁面产品的质地有乳、霜、啫喱、膏等。

洁面产品的质地与其基础体系有关，例如：洁面乳是因为含有乳化剂，所以外观呈乳液状态；洁面膏是因为表面活性剂的含量比较高或者含有增稠剂，所以质地相对比较厚重；洁面啫喱中使用了卡波树脂类的高分子增稠剂，因此呈现啫喱状态。

所以洁面产品的质地主要与其添加的增稠剂等其他成分有关；而洁面产品的清洁力，主要与其添加的表面活性剂类型和比例有关。也就是说，洁面产品的质地并不会影响其清洁力。

◎ 用洁面仪洗脸比用手洗脸更干净吗？

洁面仪的清洁方式是硅胶刷头 + 高频震动 + 洁面产品，和手洗相比，其清洁力度要强很多。角质层厚、有黑头和粉刺的朋友可以适当使用洁面仪，清洁效果会很好。但是长期频繁使用洁面仪容易导致过度清洁，从而损伤角质层，甚至使皮肤变成敏感性皮肤。角质层是皮肤屏障至关重要的组成部分，受损后会引发皮肤干燥、刺痛等问题。

所以，虽然洁面仪清洁力度比手要好，但是容易过度清洁，不建议频繁使用，要根据自身的皮肤状态调整使用频次。

◎ 用手工皂洗脸会对皮肤有很大危害吗？

在弄清楚用手工皂洗脸是否对皮肤有很大的危害前，我们得先知道什么是"肥皂"、什么是"手工皂"。

"肥皂"一般是指脂肪酸（硬脂酸、肉豆蔻酸、椰油酸、月桂酸等）与碱（氢氧化钾、氢氧化钠、三乙醇胺等）反应形成的脂肪酸金属盐，具有比较强的清洁力。传统的肥皂一般都用来清洁身体或者衣服等，因为传统的肥皂脱脂力太强，用后皮肤易紧绷。

而手工皂是由动植物油脂中的甘油三酯和强碱（氢氧化钠、氢氧化钾）发生反应制作而成的。在传统的制作工艺中，手工皂中还会加一些干花类装饰物。与肥皂相比，手工皂的成分还是以"皂"为主。不同的是，在手工皂的制作过程中，油脂和强碱反应产生皂基的同时会释放出甘油，甘油可以滋润皮肤，降低使用后的紧绷感。

手工皂的使用感要比传统肥皂好很多，用后皮肤不容易紧绷，但是手工皂的碱性强、脱脂力强，不建议干性皮肤和敏感性皮肤的朋友长期用手工皂清洁面部。

◎ 不同肤质的人如何选择洁面产品？

美国知名皮肤科医生莱斯莉·褒曼从 4 个维度把肤质分为 16 种类型。在选择洁面产品时，主要考虑肤质的两个维度：一个是干性 / 油性，一个是耐受 / 敏感。

油性皮肤比较容易出油，对产品清洁力的要求比较高，如果皮肤本身比较健康，可以选择品质比较好的皂基类洁面产品。如果是敏感性皮肤或者干性皮肤，建议使用比较温和的氨基酸类洁面产品，这类产品的脱脂力和刺激性相对较低，用后皮肤不容易发干。

◎ 功效性洁面产品真的有宣传的美白、祛痘或抗衰老作用吗？

洁面产品属于洗去型产品，停留在皮肤上的时间非常短，其最大的作用是清洁皮肤。有美白、祛痘、抗衰老作用的功效成分通常需要渗透进入皮肤内部才能起作用，而洁面产品中的这些功效成分很难在皮肤表面停留，更不用说被皮肤吸收了，因此其效果微乎其微。如果想实现美白、祛痘、抗衰老等功效，建议选择对应的驻留型产品，如乳液、膏霜、精华液等。

保湿

辟谣

◎ 多喝水可以解决皮肤缺水问题

　　我们通常说的皮肤干燥、缺水是指皮肤的角质层缺水。一般来说，真皮层不会缺水。喝水补充的水分进入血液循环后，大部分会通过尿液排出，极少数被血液吸收的水分可以到达真皮层，然后扩散到角质层，但水分扩散的多少并不会受喝水多少的影响。所以从原理上来说，多喝水并不能直接给皮肤补充水分。

◎ 皮肤出油是因为缺水

　　皮肤出油的主要原因是雄激素分泌过多，导致皮肤油脂分泌过剩。此外，温度也会影响皮肤的油脂分泌。台湾大学医学院附属医院皮肤科医师蔡呈芳指出，温度每上升 1℃，皮肤油脂分泌量就会增加 10％；而且在高温的夏天，皮肤还容易出汗，油水丰满的状态会让脸看起来油光满面。

所以，皮肤出油并不是因为缺水。

◎ 经常敷面膜能够让皮肤更水润

敷面膜是快速为皮肤补充水分的方式之一，但并不能长时间留住水分。

面膜的主要成分是水，还有保湿剂、增稠剂、防腐剂以及功效成分。面膜通常会敷 15 ~ 20 分钟，在面膜的包封作用下，皮肤的角质细胞被动吸收水分，皮肤确实能快速变得水润透亮。

然而，敷面膜并不能从本质上改变皮肤细胞的状态。如果不采取保湿措施，皮肤吸水快、失水也快，过一会儿就会恢复原本的样子。而且敷面膜时间过长或者频繁敷面膜会让皮肤过度"水合"，破坏皮肤角质层，导致皮肤屏障受损。

所以敷面膜并不能长时间留住水分，而且敷面膜的频率不能过高。

◎ 皮肤干燥时可以使用喷雾补水保湿

喷雾的主要成分是水，使用喷雾可以快速给皮肤表面补充水分，在短时间内缓解皮肤干燥和紧绷，让皮肤暂时变得水润。但是随着时间的推移，皮肤表面的水分会蒸发散失。因此，单靠喷雾无法实现保湿作用。想减少皮肤水分的散失，提升皮肤表层含水量，最好还是使用护肤油或乳霜。

解惑

◎ 补水和保湿是一回事吗?

补水和保湿其实是两回事。补水是从外界为皮肤表层补充水分;保湿是减少皮肤水分的散失,保证皮肤表层有足够的湿度。

表皮的每一层都含有一定量的水分(见下图),正常的皮肤角质层含水量为 10% ~ 20%。若含水量低于 10%,皮肤角质层就会过于干燥,甚至会出现破裂或鳞屑。

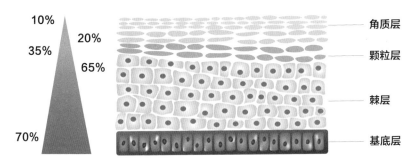

皮肤表层水分梯度

10%
20%
35%
65%
70%

角质层
颗粒层
棘层
基底层

通常我们刚洗完脸或刚使用完化妆水、面膜、精华液时,可以感受到皮肤即刻变得水润,这是因为皮肤的角质层具有水合作用(通俗地讲,就是皮肤角质层可以吸收水分),能短暂地吸收少量水分。但是,大部分从外部补充的水分会快速蒸发,皮肤很快又会恢复原来的样子。

屏障功能正常的皮肤能自发调节皮肤水分含量,不会让水分过度散失。但是随着年龄的增长,加上外界环境的影响,皮肤保持水分的能力会渐渐变弱,皮肤表层含水量会降低,容易出现干燥、干裂等问题。这时，我们就需要使用含有保湿剂和润肤剂的护肤品来帮助皮肤保持水分，也就是通常所说的保湿。

◎ 护肤品能够深层补水吗？

严格来说，"深层补水"是个伪概念。一般皮肤干燥缺水是指皮肤的角质层缺水，而皮肤的真皮层含水量高达 75% 以上，根本不缺水。护肤品最重要的功能是保湿，实现保湿功能有两种方式：一种是利用水溶性保湿成分将水分吸收到角质层中；还有一种是利用油脂类成分（也就是我们常说的润肤剂）在皮肤表面形成一层保护膜，防止皮肤水分过度流失。

◎ 保湿产品是用同系列的好，还是搭配不同功效的好？

这个没有哪一种方式好哪一种方式坏一说，可以根据自身的需求做出选择。

同一品牌的同系列产品使用的成分种类相似度通常比较高，并且在产品的开发和设计过程中，配方师会考虑同系列产品的成分叠加后的兼容性、皮肤耐受性等问题，因此使用同系列产品风险相对会低一点，而且效果会更好。如果对护肤品成分了解不深，建议选择使用同系列的产品。

也可以将有不同附加功效的保湿产品叠加使用，但是使用前要注意皮肤的耐受性，使用的护肤品越多，皮肤接触的成分就越多，风险也会越大，所以消费者需要掌握一定的成分和搭配知识，科学地组合使用。

◎ 保湿产品涂得越厚，保湿效果越好吗？

皮肤保持水分主要依靠角质层中多种天然保湿因子的共同作用。当皮肤屏障功能异常时，角质层结合水分的能力下降，皮肤就很容易出现干燥、粗糙等问题。保湿产品可以起到封闭作用，减少皮肤表层水分的散失，从而达到保湿的目的。因此，使用保湿产品的量要足，尤其是干性皮肤的人，出现皮肤干燥、粗糙、起皮等状况时更要厚涂。但并不是所有人都适合厚涂保湿产品，因为保湿产品的使用量过多，可能会加重部分耐受性差的皮肤的负担，容易引起"闷痘"等问题。

◎ 加湿器对保湿有作用吗？

环境湿度对皮肤角质层含水量有很大的影响。当环境湿度低于40%时，皮肤很容易出现干燥、起皮等问题。当人体暴露在湿度为10%～30%的环境中超过30分钟后，角质层含水量会明显减少。在干冷的秋冬季节，很多地区的环境湿度会低至10%。因此，增加环境湿度可以有效缓解皮肤干燥。

加湿器可以快速提升环境湿度，对缓解皮肤干燥有帮助。但如果没有使用封闭性的保湿产品（保湿乳、保湿霜等）防止皮肤水分的散失，很难长时间让皮肤保湿。要根据生活环境的变化使用保湿产品，才能有效保证肌肤的水润。

◎ 为什么用了某些保湿产品后会搓泥？

"搓泥"是指使用护肤品后，在皮肤表面搓出细小"白条"的情况。

为了产品成型或者提升产品的肤感，护肤品中会加入一些增稠剂，常用的有卡波姆、纤维素、黄原胶等。一旦将几种含有这些大分子增稠剂的护肤品叠加使用，就容易搓泥。从产品开发的角度来看，这些增稠剂对配方的稳定性有很大的帮助，但也正是这些增稠剂的大量使用带来了越来越多的搓泥现象。

◎ 水包油和油包水的面霜有何区别？

几乎所有的乳液、面霜，都是由油相（油性成分）和水相（水性成分）两类物质混合而成的，常见的有水包油型和油包水型。

"水包油型"是指油性成分在内相、水性成分在外相，油相变成无数的"小油滴"均匀分散在水相里的一种体系。这是大多数乳液、面霜的配方体系。这类产品能溶于水，很容易被水洗掉。这种水包油体系的面霜质地相对清爽一些，涂抹时很容易推开。

"油包水型"恰好相反，是一种油性成分在外相、水性成分在内相的体系。这种体系的抗水性更好，不容易被汗液冲掉。油包水体系的面霜质地会更厚重，也更滋润。

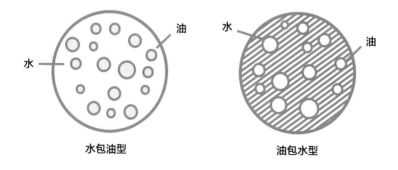

◎ 保湿剂和润肤剂有何区别？

保湿剂（又称吸湿剂）具有较好的水溶性，能从周围环境中吸收水分，从而增加皮肤水分含量。常用的保湿剂有甘油、丁二醇、丙二醇、乳酸钠、PCA 钠、泛醇、透明质酸钠等。

润肤剂一般是油脂类的物质，能在皮肤表面形成一层屏障，通过阻止水分蒸发，将水分留在角质层内。常用的润肤剂有矿物油、角鲨烷、植物油、蜂蜡、合成油脂等。这种油溶性的成分就像保鲜膜一样，能将水分封锁在皮肤里面，从而起到保湿的作用。

配方师们经常将水溶性的保湿剂和油溶性的润肤剂复配使用，二者相互配合可以增强护肤品的保湿效果。

防晒

辟谣

◎ **待在室内时可以不用擦防晒产品**

紫外线根据波长的不同，可分为 UVA、UVB 和 UVC 三种。UVA 的波长最长，穿透力最强，可进入皮肤真皮层，造成皮肤老化和变黑；UVB 穿透力中等，可到达表皮层的基底层，长时间照射皮肤可能导致红斑、灼伤、红肿等症状；UVC 穿透力差，绝大部分被

地球大气层阻隔在外，几乎接触不到皮肤，对皮肤的影响可以忽略不计。

我们日常所说的防晒，就是防止 UVA 和 UVB 对皮肤的损伤。UVB 基本上是无法穿透玻璃的，因此我们待在室内时，不需要担心 UVB 带来的损伤。然而玻璃对 UVA 的阻隔能力有限，有 63% 的 UVA 会穿透玻璃进入室内。如果待在室内靠窗的位置，尤其是有太阳光直射或反射进室内时，仍需要擦防晒产品。

选择防晒产品时，要选择具有 PA 指数的产品。

◎ 质地轻薄的防晒产品防晒力弱

不一定。质地轻薄的防晒产品一般肤感更好，但防晒产品的防晒力取决于其 SPF 和 PA 值（详见本书第 24 页），和质地没有直接关系。

◎ 打了遮阳伞就不用涂防晒产品

即使打了遮阳伞，防晒产品也还是要涂的。防紫外线遮阳伞能有效阻隔大部分直射的紫外线，但还是会有一部分紫外线通过地面或建筑物的反射或散射照在脸上和身体上。而且我们也不能保证遮阳伞能随时360 度遮挡所有阳光，所以防晒产品还是需要涂的。

◎ 防晒产品涂得越厚越好

并不是。涂抹防晒产品时要适量，太少达不到效果，太多其实也不好。

测定防晒产品的防晒系数（SPF）时，是按照 $2mg/cm^2$ 的用量测定的，因此我们日常使用防晒产品时，用量需达到 $2mg/cm^2$（也就是每次需取大概一元硬币大小的量涂在面部）才能起到防晒产品标签标注的 SPF 值的保护作用。不能为了节省用量只涂一点点，或者觉得防晒系数高的防晒产品就可以少涂。但是，也没必要涂得过厚，因为这样会给皮肤增加负担，也不利于后续上妆。

另外，流汗或游泳后，还需要补涂防晒产品。如果一天都在室外暴晒，即使涂抹了防晒产品，也需要注意晒后修复。

◎ 防晒产品的防晒系数越高越好

不一定。防晒系数高的防晒产品通常含有机防晒剂比较多，部分人群使用后可能会有过敏等不良反应，因此使用前，需要先测试自身皮肤的耐受性。选择防晒产品时，需要考虑使用环境、自身的肤质类型、紫外线指数等因素，并不是任何时候都是防晒系数越高越好。

要去室外活动时，最好根据活动地点和活动时间段的紫外线指数选择合适的产品。如活动过程中会出汗或要进行水下工作，应选择防水抗汗类的产品。

解惑

◎ SPF 和 PA 分别代表什么？

SPF 是 Sun Protection Factor（防晒系数）的缩写，SPF 后面的数字表示产品对 UVB 防御能力的检测指数，代表防晒产品所能发挥的防晒效能的高低。一般情况下，产品的 SPF 越高，其保护皮肤不受 UVB 伤害的时间越长。

通常来说，皮肤直接暴露在阳光下约 20 分钟就会变红，SPF15 的防晒产品，能将这个时间延长 15 倍，也就是说大概 300 分钟后皮肤才会变红。不过，这并不意味着涂了 SPF15 的防晒产品就可以肆无忌惮地在阳光下待 5 个小时，出汗、沾水、涂抹量等都会影响防晒效果。并且，防晒产品并不能百分百阻挡紫外线，SPF15 的防晒产品可以阻挡 93%

左右的 UVB，SPF30 的可以阻挡 97% 左右，SPF45 的可以阻挡 98% 左右。

有的防晒产品包装上除了标注 SPF 值，还有 PA 等级。PA 代表对 UVA 的防护能力，通常用 "+" 表示，"+" 的数量越多，防护能力越强。现在市面上的防晒产品通常都是 1 ～ 3 个 "+"，大家可以根据自己的需求选择。

◎ 防晒产品中的防晒剂有哪几类？

防晒产品中的防晒剂分为无机防晒剂和有机防晒剂两类。

（1）无机防晒剂

常见的大颗粒的二氧化钛、氧化锌等无机粒子会均匀分布在皮肤表面，形成一层能反射紫外线的保护层和隔离层，以此来屏蔽紫外线对皮肤的伤害。但是由于它们粒径较大，不容易分散均匀，因此由它们制得的产品通常肤感厚重，不易涂开。这一类防晒剂的优点是稳定性比较强，相对来说也比较温和。

现如今，传统的大颗粒无机粒子已进化成微米级，甚至纳米级的微粒。有意思的是，虽然采用的依然是氧化锌和二氧化钛这两种安全、稳定的惰性无机粉体，但它们的防护原理发生了改变，变成了通过吸收紫外线来起到防晒作用。

（2）有机防晒剂

有机防晒剂通过吸收紫外线发挥防晒作用。这类成分有很多，常用的有水杨酸乙基己酯、甲氧基肉桂酸乙基己酯等。由于有机防晒剂在吸收紫外线的过程中会不断消耗，因此由有机防晒剂制成的防晒产品每隔一段时间就要补涂。

　　和无机防晒剂比起来，有机防晒剂稳定性较差、易氧化，可能会引起皮肤的一些过敏反应。

　　所以，为使产品兼具良好的使用体验和防晒效果，配方师通常会将有机防晒剂和无机防晒剂复配使用，一些防晒系数较高（SPF30 以上）的产品通常需要将 3 ~ 5 种防晒剂复配使用。

◎ 阴天或者下雨天也需要防晒吗？

　　阴天和下雨天也需要注意防晒。

　　紫外线中的 UVA 穿透能力比较强，能穿透厚厚的云层，因此阴天和下雨天也会有紫外线到达地面。至于要不要涂抹防晒产品，就要视当天的紫外线指数和是否有室外活动决定。紫外线指数通常可以在手机的天气实况中查询，当紫外线指数大于 3 或等于 3 时，如果要进行室外活动，就应采取防晒措施，适当涂抹防晒产品。

◎ 防晒产品能不能涂在眼周？

　　能。眼周的皮肤很脆弱，抵挡紫外线侵害的能力更弱，很容易被晒伤，进而长出色斑，因此眼周的皮肤也是需要防晒的。眼周部位的防晒措施优选戴太阳镜和遮阳帽。在做好皮肤基础护理、涂抹好眼霜后，可适当地在眼周涂抹防晒产品。

　　使用防晒产品前，要特别注意眼周皮肤对防晒产品是否耐受，以免给眼周皮肤造成过多负担。涂抹时要注意不能过量涂抹，不要把防晒产品弄进眼睛里。

◎ 怎么判断防水型防晒产品是否成膜了？

通常涂上防晒产品以后等待一段时间，防晒产品就会成膜。这时通过镜子仔细观察能看出面部有一层薄薄的膜，看起来亮亮的，摸起来滑滑的。如果实在拿不准手头的防晒产品多久能成膜，可以在手背上涂抹一层，等待一定时间后用泼水的方法检验一下。如果泼水后水会呈水珠状凝在手背而不是一下子流下来，就说明防晒产品已经成膜了，上脸时按这个时间来就可以。等防晒产品成膜后，就可以上妆了。

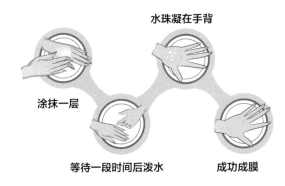

◎ 究竟需要多久补涂一次防晒产品？

这个要视情况而定。如果是学生或坐办公室的上班族，大部分时间待在室内，那么日常使用 SPF15、PA+ 的防晒产品就够了。SPF15 的防晒产品理论上可以抵御紫外线伤害 5 小时左右，所以每隔 4 ~ 5 小时补涂一次就可以。

如果要进行户外运动或从事户外工作，应尽量使用 SPF30 以上、PA++ 的防晒产品。虽然 SPF30 以上的防晒产品能抵御紫外线伤害的时间更久，但考虑到户外阳光直射，以及汗水会冲掉部分防晒产品的情况，最好每隔 3 ~ 4 小时补涂一次。

如果要去海边游泳或去水上乐园玩，那么最好使用 SPF50、PA++（或 PA+++）且防水的防晒产品，每隔 2 小时左右补涂一次。

◎ 化了妆要怎么补涂防晒霜？

很多姑娘早上起来认认真真涂了防晒霜、化好精致的妆出门了。到了要补防晒霜的时候她们发现，如果这时候把防晒霜涂在脸上，妆容几乎就不能看了。其实化妆后补防晒不一定要用防晒霜。这里我们推荐几个既有效，又不破坏妆容完整性的方法。

（1）最硬核的物理防晒措施

全副武装的防晒衣 + 遮阳伞或遮阳帽。这个不怎么起眼的防晒措施既有效，成本又低，尤其适合对部分防晒成分不耐受的姑娘。

（2）防晒喷雾

市面上有很多的防晒喷雾，这类产品既可以用在面部，也可以用在身体上。带妆几小时后，面部可能会有出油、浮粉的现象，这时使用轻薄的防晒喷雾会是个比较好的选择。使用前先用吸油纸或纸巾把油脂和浮粉轻轻擦拭掉，再使用防晒喷雾就可以了。使用时，喷雾要离开面部一定距离，均匀喷洒于全脸。

（3）防晒散粉或粉饼

相信化妆的姑娘们都会随身携带补妆的散粉或粉饼，不妨尝试使用具备防晒能力的散粉或粉饼，在补妆的同时也可以补防晒。这可以说是最方便的补防晒方法了！

◎ 如果要用带有防晒功能的粉底液，能不能省掉涂防晒霜这一步？

现在市面上的很多粉底液都标有防晒系数。一瓶粉底液既能遮瑕也能防晒，这不是一石二鸟吗？那么，有防晒功能的粉底液能替代防晒霜吗？

理论上在粉底液的防护指数和使用量足够的情况下，是可以用它代替防晒霜的。但实际上，将粉底液按防晒霜的用量（一个一元硬币大小）涂在脸上的效果是难以想象的。我们化妆时追求底妆轻薄、有裸妆感，通常不会在脸上涂抹较厚的粉底液，因此涂抹在脸上的粉底液能起到的防晒效果微乎其微，而且粉底液还存在脱妆现象。

所以还是老老实实涂抹防晒霜，让防晒霜和粉底液等遮瑕产品"各司其职"比较好。

◎ 面部防晒产品和身体防晒产品可以混用吗？

面部防晒产品和身体防晒产品在成分和原理上是没有太大区别的，基本上可以混用。不过，由于面部皮肤有出油、长闭口等问题，所以部分品牌的面部专用防晒产品可能在使用感和诉求上与身体防晒产品有区别。

面部防晒产品会有适合不同肤质的产品，比如油皮用户可以选择肤感相对清爽的产品，干皮用户可以选择较为滋润的产品。身体防晒产品就没有这么细致的区别。如果面部皮肤非常健康，没有特别的需求，那么防晒产品是可以面部和身体混用的，选择自己喜欢的质地和防晒系数合适的产品即可。如果面部皮肤比较脆弱，还是需要选择面部专用的防晒产品。

◎ 高倍数防晒产品会对皮肤有负担吗？

一般来说，高倍数防晒产品中防晒剂的添加量会更高，确实会给皮肤带来更大的负担。

由于无机防晒剂能起到的防护作用有限，并且考虑到肤感问题，防晒产品要达到较高的防护系数，往往需要通过添加大量的有机防晒剂来实现。而有不少有机防晒剂对皮肤都存在一定的刺激性，有可能导致皮肤出现不耐受甚至过敏等反应。而如果仅用无机防晒剂来实现高倍数防晒的话，为了分散大量的防晒剂，往往要牺牲肤感，这样的防晒产品质地会十分厚重，使用体验会比较糟糕。

所以在使用防晒产品时，我们也不必一味追求高倍数。结合实际情况，比如活动的环境（是否在室外活动）、紫外线指数强弱、暴露在阳光下的时长等，选择防晒系数合适的防晒产品即可。

◎ 为什么明明涂了防晒产品，皮肤还是晒黑了呢？

出现这种情况的原因有很多，这里我们说几个典型的防晒产品不起作用的原因：

（1）**用量不够。** 很多人担心闷痘、堵塞毛孔或者油腻，不愿意足量涂抹防晒产品，这样是不行的。为了让防晒产品起作用，应该让其均匀覆盖在皮肤表面，达到 1 ~ 2 层 A4 纸的厚度，不能像涂彩妆产品一样蜻蜓点水地涂或者薄涂。

（2）**没有提前涂。** 防晒产品中的防晒剂起作用是需要时间的。首先，出门前要预留足够的时间，建议在出门前 20 ~ 30 分钟就涂好防晒产品。其次，涂好后需要静等几分钟，仔细观察防晒产品是否成膜了，等到成膜以后再上妆。

（3）没有及时补涂。长时间暴露在阳光下时，防晒产品是需要隔一段时间补涂一次的，就算化了妆也需要补涂。如果不补涂，防晒产品中的防晒剂会逐渐失效。皮肤失去了保护，当然会晒黑了！

（4）防晒产品没选对。比如，涂着SPF15、不防水的防晒产品去海边玩，那是肯定会晒黑的。要根据环境选择适合自己的防晒产品。如果不确定如何选择，可以咨询专业人士。

◎ 婴幼儿可以涂防晒产品吗？

六个月以下的宝宝需要避免阳光直射，即使出门也需要待在有遮挡的地方。

六个月以上的宝宝最好优先采取一些"硬防晒"措施，比如戴太阳镜、遮阳帽，穿防晒衣，打遮阳伞，等等。不得已的情况下，可以选择婴幼儿专用防晒产品。涂抹时，先在宝宝手腕处涂一点点试试，确保不会过敏后，再大范围涂抹。另外，需要注意防晒产品的用量，也要及时补涂，回家后要将防晒产品清洗干净。

美国儿科学会在《婴幼儿防晒指南》中明确指出：在夏天（无论晴天、阴天），推荐使用SPF15（或以上）的防晒产品。

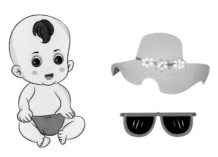

眼唇护理

辟谣

◎ 25 岁以后才要用眼霜

　　眼霜的使用并没有严格的年龄界限。眼部的皮肤是最薄的，眼周也是最先开始显现出衰老迹象的部位。随着年龄的增长，胶原蛋白会渐渐流失，皮肤会渐渐失去弹性，但这并不代表抗衰老只能从 25 岁以后开始。当细纹爬上眼周的时候再开始使用眼霜，那只能算是亡羊补牢。

　　预防是抗衰老中最重要的一环，尤其现在的年轻人接触手机、电脑的时间非常长，空气污染也日益严重，这使得他们的眼部皮肤受到的侵害非常多。另外，年轻人喜欢熬夜，生活作息不规律，容易出现黑眼圈和眼部水肿等问题，眼霜中也有应对此类问题的产品。我们建议 20 岁前就开始根据自己的情况使用保湿或抗初老的眼霜，白天可以使用有防紫外线功能的眼霜，在眼周开始显现年龄痕迹之前就做好防护。除了涂眼霜外，建议坚持做眼部按摩，不要让眼周问题太早找上门。

◎ 面霜可以代替眼霜

这个问题不能一概而论。要解答这个问题，我们首先需要回答一个疑问——眼霜真的有用吗？答案是肯定的。

那么，为什么面霜通常不能代替眼霜？因为眼部肌肤比面部其他部位的皮肤更加脆弱敏感，而且更薄，不能吸收过多的营养物质。眼霜在配方设计时需要兼顾轻薄透气、快速吸收和适当滋润等方面。厚重的面霜可能会给眼部肌肤造成负担，而眼部肌肤的敏感也注定了它与一些面部护肤品无缘。为了不给眼部造成负担，建议在使用面部精华之前就抹上眼霜，后续的面部护理都避开眼部。

但是那些具有滋润度适中、抗氧化能力强、刺激性低等特性的面霜，尤其是一些具有抗皱功能的高端面霜，其配方思路和成分与眼霜比较接近，这一类面霜基本是可以当眼霜用的。无法判断是否适用时，可以小范围试用一下。

◎ 眼霜如果吸收不了，眼周就会长脂肪粒

有一个广为流传的说法：因为涂的眼霜太厚重、太黏稠，皮肤吸收不了，毛孔堵塞就形成了脂肪粒。其实眼霜和脂肪粒的形成没有直接关系。

我们先来说说脂肪粒到底是什么。脂肪粒学名粟丘疹，呈白色米粒状，是一种真皮层囊肿，与毛囊根本就没有关系。粟丘疹的形成原因有很多，皮肤炎症、过度使用去角质产品给皮肤造成了微小的伤口等都可能导致粟丘疹形成。所以，眼霜并不是导致脂肪粒形成的直接原因，却糊里糊涂地做了"背锅侠"。含咖啡因、视黄醇（维生素 A）、茶多酚

等成分的产品，对脂肪粒有不错的代谢作用。

要预防脂肪粒，需要做好皮肤的保湿工作，去角质时要注意避开眼部。治疗脂肪粒可以去医院的皮肤科，然后做好后续的保养，切记不要自己在家挤。

◎ 唇毛越脱越多

如果用剃须刀刮唇毛，因为是斜面刮的，刮完后长出的毛发可能显得更黑，视觉上会给人"越脱越多"的感觉。实际上，唇毛不会越脱越多。

体毛的颜色、数量和粗细都是由基因决定的。不同的脱毛方式，比如蜜蜡脱毛、剃须刀脱毛、脱毛膏脱毛，只要操作得当，都不会对毛囊造成影响，所以毛发的数量并不会改变。而光子脱毛和激光脱毛等医疗手段也只是让毛囊进入休眠，不是彻底破坏毛囊，所以能在一段时间内使毛发数量变少。需要注意的是，脱毛膏通常利用巯基乙酸成分脱毛，这一成分可能会损伤皮肤屏障，用在唇部会有风险。

◎ 怎么对付黑眼圈？可以用护肤品去除吗？

黑眼圈大致分为三种类型，下面我们分别来看一下它们的治疗攻略：

（1）血管型黑眼圈

这是最常见的一种黑眼圈。如果轻按下眼睑黑眼圈颜色会变淡，那么你的黑眼圈就偏向血管型。这类黑眼圈多呈蓝色或紫色，是眼周血液循环变差造成的。并且，由于眼周皮肤是人体最薄的皮肤，随着年龄的增长，皮下脂肪会减少，血管型黑眼圈的颜色也会变重。

这类黑眼圈并不是色素造成的，所以使用美白类眼霜没有用处。可以使用含有视黄醇（维生素 A）、咖啡因、茶多酚等成分的产品改善血液循环，或使用含维生素 K 的产品减轻血液的淤积。除使用护肤品外，日常要避免用眼过度，保持规律的睡眠，适当做按摩、热敷、眼保健操也对消除此类黑眼圈有帮助。

（2）色素型黑眼圈

顾名思义，色素型黑眼圈就是色素堆积在眼周皮肤所形成的黑眼圈。如果不光是下眼睑，上眼皮颜色也较深的话，你的黑眼圈就偏向于色素型。这类黑眼圈颜色通常为深棕色或黑色，可能是天生的，也可能是后天由于皮肤问题或化妆品清洁不到位造成的。还有种说法认为，过敏性鼻炎、经常揉搓眼部的习惯也容易加剧眼周皮肤的色素沉着。

要对付色素型黑眼圈，首先要注意眼周皮肤的防晒，其次可以适当使用温和、不刺激的美白产品，避免使用刺激性的产品。日常卸妆时要将睫毛膏、眼线等眼部彩妆彻底清洁干净。另外，不要乱揉搓眼睛，以免造成眼周皮肤颜色变深。

（3）结构型黑眼圈

这种黑眼圈也被称为"假性黑眼圈"，通常是泪沟、卧蚕、眼眶骨凹陷、苹果肌下垂等因素造成的。

如果是天生有卧蚕、泪沟大、眼眶骨凹陷等情况，那么护肤品无法起到很大的作用。如果是胶原蛋白流失造成的凹陷，可以选用保湿效果好的眼霜，配合适当的按摩来缓解。只要凹陷的情况得到改善，此类黑眼圈也会得到改善。

◎ 什么时候可以使用抗衰老眼霜？

很多人认为要在眼角产生细纹之后再开始使用抗衰老眼霜，其实这种做法是不妥的。护肤的"四字箴言"就是"越早越好"，最好的抗衰老方法就是预防。使用抗衰老眼霜的目的并不是对抗已经发生的眼周衰老，而是尽可能延缓衰老。

那么，具体应该从什么时候开始使用抗衰老眼霜呢？其实没必要规定一个固定的年龄，我们建议大家随时观察自己眼周皮肤的状态，根据自己的情况决定。如果你的眼周皮肤干燥、暗沉，或者因为你喜欢大笑眼角已经产生了一些细纹，那么即使只有 20 岁出头，你也需要开始使用抗初老眼霜了。此外，各种抗衰老眼霜有不同的侧重点，根据自己眼周的情况去选择解决相应问题的抗衰老眼霜即可。

◎ 眼霜能去除鱼尾纹吗？

眼霜是不能彻底去除鱼尾纹的，对症的眼霜可以在一定程度上使鱼尾纹变浅。

皱纹分为真性皱纹和假性皱纹两种。鱼尾纹属于由胶原蛋白缺失导致的真性皱纹，纹路通常比较深，靠眼霜是很难去除的。眼霜只能抚平一些形成时间不长的假性皱纹（比如干燥纹），还

有一定的抗氧化功效。鱼尾纹主要还是靠预防，平时要养成使用眼霜和按摩眼周的习惯，不要挤压面部和做夸张的表情，还要注意防晒。要想彻底去除鱼尾纹，除了使用眼霜进行日常保养，还需要搭配医美等其他手段。

◎ 经常戴隐形眼镜会使眼部细纹增加吗？

戴或摘隐形眼镜时，我们需要用手指撑开眼皮。长期频繁做戴和摘的动作，有可能会造成眼部皮肤松弛、细纹增加，甚至让泪沟加重。不过其影响程度因人而异，很大程度上取决于戴和摘的动作幅度。

首先，要避免大力用手指撑开眼皮，可以尝试用手指轻柔地撑起上眼皮，尽量避免拉扯下眼睑，这样可以在一定程度上减轻对眼部皮肤的刺激。其次，戴或摘隐形眼镜之前认真涂抹眼霜也能预防拉扯和摩擦造成的细纹。

另外，有的人会在戴或摘隐形眼镜时抬起眉毛，就像画眼线或涂睫毛膏时一样，这样也是不可取的，容易造成上眼睑皮肤松弛及抬头纹。

◎ 经常贴双眼皮贴会导致眼皮松弛吗？

经常贴双眼皮贴可能会导致眼皮变厚、松弛。

眼皮会变厚的原因是双眼皮贴会与周边皮肤产生摩擦，可能会刺激皮肤进而造成皮肤炎症。一旦发生炎症，皮肤便会制造多余的胶原蛋白，这些胶原蛋白堆积在上眼皮上，就会使眼皮变厚。

同时，使用双眼皮贴时，按压和摩擦眼皮的动作会使眼皮受到拉扯。

我们的眼皮是像橡皮筋一样有弹性的，那么就像频繁拉扯会使橡皮筋失去弹性一样，眼皮也会由于反复拉扯而失去弹性，长此以往，眼皮容易变得松弛、下垂。

所以，长期使用双眼皮贴对眼皮是有一定影响的，应尽量少用。如果一定要使用，贴上和取下时动作要轻柔，以减少对眼皮的摩擦和拉扯。平时可以适度按摩上眼皮，放松皮肤和肌肉。

◎ 唇膏、口红可以吃进嘴里吗？

唇膏、口红最好不要吃进嘴里。但是一些食品级的产品吃下去通常不会对人体有什么影响。有些唇膏中可能含有香料等对人体有害的物质，口红就更不用说，很多口红都含有香料、色素，甚至铅等重金属元素。但这并不意味着唇膏和口红就不能用了，相信大部分人也做不到。

购买唇膏或口红时，应尽量选择纯天然、无添加的品牌。涂了唇膏或口红的时候不要舔嘴唇，吃饭或喝水时尽量不要把口红吃进去，或者干脆在吃饭、喝水之前卸掉口红。卸妆时，要把唇膏、口红清洗干净，减少残留。最后介绍几个食品级、含纯天然成分的口红品牌：

（1）花姿果色（Naturaglace）：日本有机彩妆品牌，其产品以天然矿物及植物成分为原料，敏感性皮肤也可以使用。

（2）馥蕾诗（Fresh）：这个品牌主打温和、无添加，适合所有肤质。

（3）Karen Murrell：新西兰纯天然口红品牌，其产品主要成分有鳄梨油、月见草油、巴西棕榈蜡等。

◎ 嘴唇为什么越舔越干？

大部分人平时都有无意识地舔一下嘴唇的习惯，这个习惯其实非常不好。

舔嘴唇时，唾液会沾在嘴唇上，这些唾液虽然暂时湿润了嘴唇，但是其中的水分会快速蒸发，还会带走唇部皮肤原本的水分。此外，唾液中还含有生物酶，水分蒸发后，留在嘴唇上的生物酶会让嘴唇变得更加干燥、发皱。不仅如此，经常舔嘴唇甚至有可能引起唇部发炎、肿胀。

那么，在干燥的季节，该如何护理嘴唇，防止唇部干燥甚至干裂呢？

（1）使用滋润性好的唇膏。如果涂了唇膏嘴唇还是干裂，可以增加使用次数和厚涂。

（2）补充维生素 B_2 以及维生素 A。

（3）多吃新鲜蔬菜和水果。

（4）及时补充水分。

（5）使用加湿器，保证环境湿度在适宜范围内。

（6）不让嘴唇暴露在寒冷空气中，冬天外出时最好戴口罩。

（7）尽量不要张着嘴呼吸。

◎ 嘴唇脱皮可以撕掉吗？

撕掉嘴唇上死皮的做法是不可取的，这样很有可能造成唇部损伤。

相信大家都有过撕掉嘴唇死皮后嘴唇流血的经历。别看伤口很小，它也很容易发炎、感染。在干冷的冬天，唇部伤口愈合的速度会大大减慢，如果不注意护理，这个看似很小的伤口可能会越来越严重。

那么，嘴唇上的死皮应该怎么处理呢？如果嘴唇干裂、疼痛的话，可以先用毛巾热敷几分钟，然后将 5% 氧化锌乳膏涂抹于干裂处。平时要涂抹好唇膏，可以增加涂抹次数，晚上可以使用质地更加厚重的唇膜，还要注意补水和饮食。做好护理后，嘴唇上的死皮就会逐渐安全代谢，直至脱落。

◎ 眼唇部也需要防晒吗？

需要。

眼部是脸颊上比较脆弱的部位，如果不注意防晒的话，紫外线就会使眼周出现细纹、色斑、黑眼圈等问题。眼部防晒优先推荐纯物理防晒措施，比如戴墨镜、打遮阳伞。也可以选择较温和、安全的防晒霜。

唇部的防晒也非常重要。唇部皮肤角质层很薄，而且没有黑素细胞合成黑色素抵御紫外线，这意味着它本身没有保护层，因此唇部皮肤比眼周皮肤更脆弱、更容易受到紫外线的伤害。一些品牌在润唇膏中加入了吸收紫外线的成分，这样的产品可以为唇部皮肤提供更好的保护。

◎ 面部护肤品可以用于唇部吗？

不建议将面部护肤品用于唇部，唇部护理最好使用专门的润唇产品。

由于唇部皮肤比较脆弱，润唇产品的成分通常比较单一，刺激性也不强。而面部护肤品的成分往往比较复杂，安全标准也与润唇产品不同，尤其是用在嘴上的产品还有被吞咽的可能，所以面部护肤品并不适合使用在唇部。如果是单纯具有保湿补水功效的精华、乳液，且不含刺激性成分，偶尔拿来应急使用问题不大，但这不代表它们能替代润唇产品。有条件的话，还是使用润唇膏或其他专门的唇部护理产品比较好。

反过来看，润唇产品可以偶尔用在面部。就像前面提到的，润唇产品的成分通常比较单一且不刺激，并且保湿效果非常好。如果脸上出现局部干燥、脱皮现象的话，可以在干燥部位涂抹适量润唇膏，而且最好是无色、不含香精的润唇膏。总体而言，面部和唇部的长期保养应该分开对待。

◎ 唇纹可以通过敷唇膜消除吗？

唇纹形成的原因有三个：一是皮肤缺水、干燥，二是气候或自身体质问题，三是随着年龄增长，胶原蛋白流失，皮肤失去弹性。

要彻底消除因为前面所说的几种原因形成的唇纹比较困难，较深的唇纹可以通过医美方式去除，较浅的唇纹（比如一部分不严重的干纹）可以通过日常护理来淡化甚至消除。推荐用下面这些方法预防、淡化唇纹：

（1）**做好唇部防晒**：前面提到过，唇部的皮肤尤其脆弱，非常害怕紫外线的侵害，所以白天出门最好涂抹有防晒功能的唇膏。

（2）**勤抹唇膏**：唇部没有汗腺且不能分泌油脂，用唇膏能减少唇部水分的流失，有助于让唇纹变浅。

（3）**敷唇膜**：唇膜就像面膜一样，可以短时间内为唇部皮肤高效补水，让细胞喝饱水，达到膨膨润润的状态。敷唇膜可以缓解因缺水、吹风形成的干纹。

◎ 得了唇炎能用口红吗？

最好不要用。

唇炎的诱因有很多，比如过敏、经常舔嘴唇、抽烟、缺乏 B 族维生素或铁元素等。虽然这些都与口红没有很大的关系，但唇炎期间，唇部皮肤会更加脆弱、敏感，嘴唇会发红且有刺痛感，而某些口红中含有的色素、香精等刺激性成分会让刺痛感加重，甚至影响唇炎的康复。

如果患上唇炎，应尽快就医。以下方法有助于唇炎的康复：

（1）厚涂不含色素、香精的唇膏或成分温和的软膏；

（2）遵医嘱局部使用抗生素；

（3）遵医嘱去除口腔真菌；

（4）注意饮食清淡，补充 B 族维生素。

周期护理

◎ 角质自己会剥脱，去角质是伪科学

通常来说，皮肤角质层细胞更新的周期是 28 天左右，老旧的角质被淘汰后脱落，底层的细胞会形成新的角质层，继续履行皮肤屏障的职责。

需不需要去角质、多久去一次角质、怎么去角质，一定程度上取决于每个人的肤质以及生活环境。随着年龄的增长，皮肤的新陈代谢会越来越慢，如果没有良好的护肤习惯，老旧角质会堆积在皮肤表面，使皮肤看起来粗糙、暗淡，也会影响护肤品的吸收，这时我们就需要借助一点外力，帮助皮肤完成"长江后浪推前浪"的过程。如果皮肤本身的新陈代谢和角质更新功能非常好，那么不用借助外力，皮肤自身就可以保持良好的状态；如果皮肤本身的角质脱落功能比较弱，老旧角质就容易堆积，皮肤就容易粗糙、暗沉。

要先明确自己的肤质，再决定要不要去角质：如果皮肤屏障受损、角质层比较薄，那就尽量不要去角质；油性皮肤建议定期去角质，因为皮肤上的油脂会影响老旧角质的脱落；干性和混合性皮肤建议在观察皮肤状态后决定何时去角质（观察皮肤是否光滑以及护肤品的吸收情况）；痘痘肌则建议在痘痘情况稳定后再考虑去角质的问题。

去角质不是伪科学，但需要综合考虑自身情况后合理进行，这样才能给日常护肤"锦上添花"。

◎ 去角质产品可以去除黑头

去角质产品是无法去黑头的。角质和黑头本质上是两种不同的东西，角质是由皮肤表面堆积的老旧角质细胞等组成的，而黑头是皮脂堆积在毛孔深处形成的角栓。去角质产品通常只能作用于皮肤表面或者说浅层，并不能够清除毛孔深处的角栓。不过，如果是已经浮出表面的黑头，去角质产品还是能稍微起到一点作用的，但作用有限。去黑头还是需要使用专门的去黑头产品，比如黑头导出液、去黑头的面膜或鼻贴，严重的黑头可以去医院皮肤科进行清理。

另外要注意的是，去完黑头后要使用毛孔收敛水，让扩张的毛孔缩小，这样也能减少新黑头冒出的概率。

◎ 面膜可以天天敷

面膜是不适合天天敷的。很多女明星分享自己的护肤心得时都会宣传天天敷面膜这一点，她们的皮肤看起来光滑透亮，这让大家误认为天天敷面膜就会有这种效果，其实不然。

面膜中水的占比非常高，敷在脸上的时候会形成一个封闭的环境，使皮肤角质层细胞处于水合状态。敷完面膜后，皮肤会在短时间内呈现水润白皙的状态，但是这种效果并不能维持很久，因为这些水分并不能形成细胞的结合水，很快就会蒸发掉。假如每天都敷面膜的话，皮肤角质层细胞会反复处于过度吸水又失水的状态，这样容易引起水合性皮炎，对皮肤而言反而得不偿失。

日常生活中，我们没有必要天天敷面膜，应根据自己的肤质、皮肤状态、周边环境（季节、湿度）等合理安排敷面膜的频率。通常来说每周敷 1 ~ 3 次就足够了，切记不要矫枉过正。

◎ 睡眠面膜可以代替晚霜

睡眠面膜和晚霜在成分和配方架构上是有很大不同的。

睡眠面膜一般是啫喱状或比较轻薄的质地，可以敷着过夜。睡眠面膜的配方会避开能引起皮肤不适的刺激性成分，它的主要功能是对皮肤进行长时间的保湿护理，帮助营养成分更好地渗透。有的睡眠面膜也有抗氧化功效，不过最终的效果还是取决于配方。

晚霜的质地通常比睡眠面膜的质地厚重一些，功效也更多，如美白、抗衰老等。

睡眠面膜和晚霜都对皮肤有好处，但不适合放在一起比较。考虑到睡眠面膜仍然属于周期护理类产品，频繁使用可能会导致皮肤因营养过剩而疲劳，因此不建议每天使用，一周使用 1 ~ 2 次即可。

解惑

◎ **如何判断肌肤是否需要去角质？**

角质层是皮肤屏障很重要的组成部分，能保护皮下组织并减少水分流失。在正常情况下，旧的角质细胞会自然脱落。假如旧的角质细胞不能及时脱落，而是越积越厚，皮肤就会失去光泽，这种情况下就需要去角质。以下介绍四种简单的测试方法：

（1）**胶带测试**：这是最简单的方法。将一小块胶带贴在前额，撕下来后观察是否有皮屑，如果有的话，说明你的皮肤需要去角质了。不过这种方法需要排除皮肤存在过度敏感的情况。

（2）**接触测试**：这个测试适用于脸和身体的任何一部分皮肤。如果某一部分的皮肤摸起来干燥、粗糙且有死皮，那就说明需要去角质了。需要注意的是，如果这部分皮肤同时有发红、发痒的症状，那就不是角质的问题，而是皮肤太干燥了。

（3）**观察测试**：这个测试同样适用于任何部位。在灯光下仔细观察皮肤，如果某个部位肤色看起来比较暗淡，且有起皮的现象，那就说明这里需要去角质了。

（4）**护肤测试**：如果你平时用的护肤品变得不太容易吸收、涂抹后浮于表面，这就是皮肤在提醒你需要去角质了。

◎ **用什么方法去角质比较好？**

去角质的方法多种多样，大致可以分为物理法、化学法、生物酶法三类。物理法是指用面部磨砂膏、泥膜等去除角质，化学法是指使用果酸、水杨酸等酸类物质剥脱角质，生物酶法是指利用蛋白酶（如木瓜蛋白酶、酵母萃取物）水解角质蛋白。

物理法可以清除死皮，清洁浅层毛孔；化学法能够降低皮肤的 pH 值，溶解皮肤表面和深层的污垢，并能避免物理法对皮肤造成的摩擦；生物酶法相对温和，不容易刺激皮肤。其中，生物酶法的效果最差，刺激性也最小，可以在皮肤状态不太稳定时酌情使用。

要想科学地去角质，把握好频率很关键。对于大部分肤质（油性、中性、混合性非敏感肌）来说，理想的去角质频率是一周 1 ~ 2 次。干性皮肤每周至多一次。去除多余角质后，切记要及时为皮肤补充水分，用温和、滋润的乳膏呵护肌肤。另外，皮肤易泛红或皮肤敏感的人，更加需要降低去角质的频率，最好等皮肤状态稳定后，再判断是否需要去角质。

关于去角质，皮肤科专家约书亚·蔡克纳（Joshua Zeichner）给出了这样几个建议：

（1）一周去角质最好不超过 3 次，因为过度去角质可能导致皮肤干燥、皲裂。

（2）去角质不是折磨你的皮肤，要尽量采取温和的方法，少使用磨砂、撕拉类的产品，适量使用含水杨酸、果酸等成分的产品。

（3）如果皮肤表面不平整（起皮），不一定要立即去角质，可以先用清洁刷进行清洁。

（4）酸类精华是去角质的好帮手。果酸可以在去除死皮的同时刺激胶原蛋白再生，不过，它也可能会使你的皮肤变得敏感，所以使用果酸后要注意防晒。另外，如果你在使用含视黄醇（维生素 A）的产品或处方药，请避免使用酸类去角质产品，否则会加重皮肤负担。

◎ 不去角质会长痘痘吗？

我们日常所说的痘痘（即痤疮）一般表现为粉刺、丘疹、结节、囊肿等，是由于皮脂分泌过多、毛孔堵塞引发的毛囊、皮脂腺的炎症。痘痘的产生与去不去角质没有直接关系。不去角质不一定会长痘痘，单纯去角质也不一定能解决痘痘问题，过度去角质甚至还有可能致痘。不过，皮肤角质层太厚会导致皮脂排泄不畅，的确有可能增加长痘痘的概率。

长痘痘时，需要根据个体情况对症下药。祛痘产品中有去角质功效的成分可能有助于对抗痘痘，但是不去角质一定会长痘痘的说法是不成立的。

◎ 去角质过度时，皮肤会发出什么信号？

过度清洁和过度去角质是很多人都会犯的错误。如果你频繁使用去角质产品（如磨砂膏或果酸类产品），并且出现以下症状，那很可能是你的皮肤在释放你已经去角质过度的信号：

（1）皮肤发干，有刺痛、灼烧、瘙痒感；

（2）皮肤异常泛红；

（3）长痘痘，尤其是小颗粒的粉刺；

（4）皮肤开始对日常护肤品有敏感反应。

那么，出现以上症状后，该如何修护皮肤呢？

第一步，停止使用去角质产品，并停用所有清洁力强的洁面产品；

第二步，尽量使用温和、无添加的基础保湿护肤产品；第三步，在症状特别严重的部位酌情使用有修护作用的护肤品。

◎ 角质层薄的人需不需要定期去角质？

角质层是天然的皮肤屏障。角质层太厚，皮肤会粗糙、没光泽；角质层太薄，皮肤就会变得敏感脆弱，容易出现干燥、瘙痒等症状，甚至可能形成敏感性皮肤。所以，不建议角质层薄的人去角质。

角质层偏薄的人可以这样护理皮肤：

（1）选用偏厚重的保湿产品；

（2）可以选用含视黄醇（维生素 A）的面霜，但要注意从低浓度的开始；

（3）均衡饮食，多食用水果、蔬菜、全麦食品以及富含维生素 E 的食物（如杏仁、牛油果）；

（4）使用 SPF30 以上的防晒产品；

（5）停止使用会让皮肤泛红的护肤品。

◎ 去角质会让皮肤变薄吗？

皮肤的表皮分为角质层、颗粒层、棘层和基底层等部分。角质层是皮肤的最外层，是皮肤屏障最重要的组成部分，也决定了皮肤的质感和肤色。我们所说的去角质，这个"角质"指的是已经老化的最外层角质细胞，这些细胞已经失去了屏障的作用，会让皮肤看起来粗糙、干燥和暗沉，这时我们就需要淘汰这层"面具"，让年轻、有活力的角质细胞替代它们。我们的面部皮肤角质层细胞大约每 28 天会更新一次，底层的细胞会逐渐代替该"退休"的表层细胞，在这个过程中会有不少被淘汰的老化细胞堆积在面部。

去角质这个行为，就是要清理最外层的这些老化细胞，可能会造成皮肤在短时间内变薄，但不会对皮肤有长期的影响。按正确的方法、合理的频率去角质通常不会导致皮肤变薄。但是过度去角质会让你的皮肤看起来更薄。这是因为你总在不断地去除皮肤表面的屏障，没有给新生细胞足够的时间去形成角质层。

还有一点需要注意：去角质后，要使用防晒和保湿产品。

◎ 自制的天然面膜，如黄瓜面膜、鸡蛋清面膜，究竟能不能用？

自制的面膜是可以使用的，但不是所有人都适合自制面膜，动手能力尤为重要。使用自制面膜时还需要注意以下几个方面：

（1）**安全性**：自制面膜有污染的风险，比如做鸡蛋清面膜时可能带入鸡蛋中的微生物，如果皮肤有伤口，可能有感染的风险。

（2）**保鲜期**：由于面膜的原料均是天然成分，没有任何防腐剂，因此只能现配现用。

（3）**刺激性**：如果担心面膜用了会过敏，使用前最好先在一小块皮肤上进行测试。

（4）**敷面膜的时间**：一次不宜过久，例如黄瓜面膜敷 10 分钟比较合适，过久反而可能导致皮肤失水。

总结：使用任何一种含天然成分的自制面膜之前都要做好功课，了解成分的安全性和正确的使用方法。对自制面膜的功效要抱着正确的心态，无论面膜含有什么成分、被宣传得多么厉害，都不是一朝一夕就能见效的。

◎ 敷完贴片式面膜要不要洗脸？

答案并不是绝对的。

贴片式面膜的主要功效是保湿，有的还有美白、抗敏、舒缓等功效。贴片式面膜用起来简单、方便，但是不同品牌、不同功效的面膜使用方式和使用时间也有所不同，使用前一定要仔细阅读产品说明。

对于是否需要清洗，目前有两种观点：有人认为取下面膜后轻拍至吸收，再涂抹面霜即可达到最佳效果，但是面膜残留的高分子增稠剂可能会非常黏；也有人认为无论敷了什么面膜，都需要先用清水洗净，再进行日常护理。

这里我们建议遵循每款产品的使用说明行事。如果产品说明上建议用后清洗，那就清洗后再进行日常护理；如果产品说明建议轻拍残留的精华至吸收，那么后续只使用保湿面霜即可。另外，使用贴片式面膜时还要注意以下几点：

（1）使用前，应对面部进行彻底清洁；

（2）并不是敷的时间越长效果越好，大部分的贴片式面膜的敷贴时间都以 15 ~ 20 分钟为最佳；

（3）如果敷完面膜后要出门，应做好防晒。

◎ **面膜布的厚薄会影响面膜液的吸收吗?**

面膜布的厚度对面膜液的吸收其实没什么影响,面膜布的材质主要影响我们使用时的感官体验。

面膜布的厚薄、材质和剪裁会在一定程度上影响面膜的贴合度和使用感,但是与皮肤对面膜液的吸收程度没有直接的关系。

时下流行的面膜材质比较

无纺布	优点：质地柔软,贴肤性好	
	缺点：透气性一般	
蚕丝	优点：吸附性强,能吸收更多的精华液	
	缺点：拉伸性不好,且比较容易破损	
有机纯棉	优点：对皮肤刺激较小	
	缺点：百分百纯棉的面膜纸容易破损	
生物纤维	优点：透气且不滴水,能和面部紧密结合,使皮肤更易吸收精华	
	缺点：价格较高	
天丝	优点：柔软,弹性好,能根据不同脸型调整形状	
	缺点：目前市面上的天丝产品质量良莠不齐,购买时需谨慎	

◎ **医美面膜和普通面膜有何区别?**

在化妆品管理中,其实不存在"医美面膜"这种说法。我们常说的医美面膜其实是医用敷料,属于医疗器械的范畴。医用敷料可以与创面直接或间接接触,具有吸收创面渗出液、支撑器官、防粘连或者为创面愈合提供适宜环境等医疗作用。普通面膜产品属于化妆品的一种。近年来面膜类化妆品广受消费者的青睐，已成为一个重要的化妆品品类。

医用敷料与普通面膜的区别主要有以下几点：

（1）生产和检验标准不同。医用敷料属于"械字号"，必须按照国家医疗器械标准生产。与普通面膜所属的"妆字号"不同，医用敷料的生产方需要通过医疗器械专业体系认证，并保证生产的产品不含任何激素、抗生素、重金属等化学成分。

（2）效果不同。医用敷料针对的是皮肤问题，例如：面部手术后消肿、防止感染，治疗皮肤疾病（如皮炎、湿疹等），或修复受损的皮肤屏障。普通面膜主要针对皮肤的日常护理，起到补水、保湿等作用。

（3）购买方式不同。医用敷料通常需要在医院或药房购买，而普通面膜不需要。

（4）成分不同。医用敷料的成分通常很简单，不含各种添加剂、香精等，100% 无菌，并且对生产条件的要求十分严格，而普通面膜的成分相对复杂。

（5）使用频率不同。医用敷料是皮肤有问题时使用的，通常需要遵照医嘱按疗程使用，而普通面膜不需要按疗程使用。

总结：对于只有普通护肤需求的消费者而言，日常只使用普通面膜即可；如果有特殊需求，如术后修复等，可以在医生的指导下使用医用敷料。

身体护理

辟谣

◎ 身体乳可以当面部乳液用

不建议用身体乳擦脸。

面部护肤品和身体乳在配方设计和原料选用上均有区别。虽然面部皮肤和身体皮肤的构造基本相同，但是面部皮肤暴露在日光下的机会更多，更容易出现老化和其他的皮肤问题。身体皮肤暴露在外的时间较面部皮肤要短，受的刺激更少。同时，因为身体皮肤的皮肤屏障一般比面部的厚一些，而且身体皮肤的油脂分泌更少（特别是手肘、膝盖等部位），所以身体乳的配方中油脂的用量会更大，以便提高产品的滋润性，有些产品中还会加入大量的保湿剂。因此，面部皮肤可能会对身体乳不耐受，觉得油腻、不透气。

另外，面部护肤品对安全性的要求要比身体护理产品的更高。

◎ 夏天不需要涂抹身体乳

到了夏天，空气不像秋冬那么干燥，皮肤也会在出汗的同时分泌油脂，很多人就开始犯懒了，认为不需要再涂抹身体乳了。其实这是不对的。

夏天时手臂、脖子、腿会更多地暴露在阳光中，长时间接触紫外线，还会接触很多灰尘，这些都容易使皮肤变得粗糙、暗沉和敏感。而且很多人夏天会长时间待在空调房中，而空调房的相对湿度往往非常低（≤40%），假如不注意保湿，皮肤很容易发干、发痒，所以夏天依然需要做好身体的日常护理。

身体乳不仅能让皮肤变得不再干燥，也能保护皮肤不受有害物质的侵扰，还能防止皮肤变得粗糙、暗沉，预防皱纹，帮助皮肤延缓衰老，这些和季节都没有关系。如果夏天使用身体乳觉得油腻，可以适当减少用量，或者换用清爽、不油腻的产品。一年四季坚持涂抹身体乳是皮肤能保持细嫩的秘诀！

解惑

◎ 可以天天用沐浴乳洗澡吗？

健康的皮肤表面有一层皮脂膜作为防止皮肤干燥和抵御细菌的保护层，过度清洁皮脂不利于皮肤的健康。至于是否需要天天用沐浴乳洗澡，要看季节。皮脂的分泌跟环境的温度密切相关，应根据环境温度选择清洁方式：在炎热的夏天，皮肤出油会明显增多，很有必要使用沐浴乳清洁皮肤；但是在干冷的季节，皮脂分泌本来就会减少，皮肤很容易发干、发痒，这时如果天天用热水和沐浴乳清洁皮肤，就很容易导致过度脱脂，对皮肤造成伤害。

每天洗澡这个习惯并不一定适合所有人。如果过度清洁皮肤，有可能造成以下影响：

（1）皮肤可能会变干燥，甚至有刺痛感；

（2）皮肤表面的微生物平衡可能被破坏；

（3）皮肤的免疫功能可能会下降。

如果有每天洗澡的习惯，我们可以通过注意一些小细节来防止过度清洁：

（1）注意水温，不用太烫的水洗澡；

（2）选择比较温和的沐浴乳或其他清洁产品；

（3）洗澡后，及时涂抹身体乳或润肤油。

◎ 沐浴乳可以洗去身体防晒吗？

一般来说，身体防晒是可以用沐浴乳清洗掉的。洗完澡后，可以观察皮肤是否有油膜感，用水冲洗皮肤时，看看水是否还会以水珠的形态停留在皮肤上。如果有的话，就说明防晒产品没有洗干净。

如果不放心，可以选择用沐浴油清洁。沐浴油具有以油溶油的特性，效果类似卸妆油，它能彻底清洗皮肤，又比普通沐浴乳更为温和，唯一的缺点就是价格比普通沐浴乳要高。

◎ 沐浴油可以代替身体乳吗？

不可以。沐浴油的主要成分是植物油脂或合成油脂＋乳化剂，它比普通的沐浴乳或肥皂更温和，也有一定的润肤效果，但不能完全代替身体乳。沐浴油是为了解决普通沐浴乳会导致皮肤过度脱脂变得异常干燥的问题而设计的。使用普通沐浴乳后，皮肤表面的皮脂会被洗掉，皮肤容易因保湿能力下降而变得干燥。沐浴油在清洁的同时可以保留部分皮脂，皮肤会感觉更滋润。对于皮肤容易干燥、敏感，或使用沐浴乳后皮肤会紧绷甚至有刺痛感的人来说，沐浴油是非常好的沐浴乳替代品。

不过，即使沐浴油本身有适度的保湿效果，本质上它依然是一款清洁产品。用了清洁产品之后，都需要进行基础保养。所以用沐浴油洗完澡后，仍然需要使用身体乳等保湿产品滋润肌肤，阻止水分流失。

◎ 多种不同功能的身体护理产品能叠加使用吗？

要看成分，尽量使用同品牌相同系列的产品。

身体护理产品的主要功效是保湿滋润、美白、舒缓敏感，此外，还有一些比较特别的功效，如去"鸡皮肤"、去妊娠纹等。身体护理产品的质地有油、乳、啫喱、霜等。

通常，身体护理不需要像面部护理一样复杂，大部分人的诉求就是保湿滋润，那么只需要选择合适质地的产品即可。从保湿效果来看，润肤油＞润肤霜＞润肤乳＞润肤啫喱。冬天皮肤特别干燥时，可以先使用润肤油，再叠加一层乳或霜；夏天追求清爽时，可以选择乳液或啫喱。

当诉求不只是保湿，还想要其他功效时，可以选择有特定功效的产品，例如：需要美白可以选择含熊果苷、烟酰胺的产品，需要去"鸡皮肤"可以选择含果酸、水杨酸的产品，需要舒缓肌肤可以选择含神经酰胺和角鲨烷的产品，等等。由于功效性产品含有特殊成分，通常不建议将这些产品叠加使用。

◎ 一年四季都需要用身体乳吗?

需要。

可以根据自己的肤质在不同季节使用不同质地的身体护理产品，例如：干性皮肤的人春夏季可以使用乳液，秋冬季就需要使用质地更厚重的霜或润肤油；油性皮肤的人夏季可以使用啫喱或比较轻薄的乳液，如果要长时间待在湿度低的空调房中，也需要使用滋润性好的产品，冬季可根据自己的皮肤状态选择乳或霜。如果用了某种身体乳后还是觉得皮肤很干、很紧绷就换更滋润的，如果觉得毛孔不透气就换更加轻薄的。带有美白、去"鸡皮肤"等特殊功效的身体乳同样需要长期坚持使用才有可能达到预期的效果，护肤是靠毅力的。

◎ 身体乳可以去"鸡皮肤"吗?

"鸡皮肤"的学名是毛囊角化病，症状是毛囊处出现微小的坚硬丘疹，一般不痛不痒，没有显著的不适感，主要是影响美观。"鸡皮肤"是由遗传因素导致的，使用身体乳可以改善症状，但无法根除，情况严重的话可以用药物改善，具体需要咨询皮肤科医生。

不太严重的"鸡皮肤"可以使用含果酸、水杨酸、尿素等成分的身体乳来改善：酸可以加快角质代谢，尿素可以增强保湿效果。虽然无法从根本上解决"鸡皮肤"问题，但可以明显缓解症状，使皮肤变得光滑。

使用这类身体乳时一定要做好防晒。除了使用这类身体乳，还可以通过定期去角质（如使用身体磨砂膏），以及使用较温和的沐浴乳（如氨基酸沐浴乳或婴儿沐浴乳）来进行日常护理。

另外，"鸡皮肤"得到改善后容易留下黑色素沉淀，在皮肤变得比较光滑后，可以使用含熊果苷、烟酰胺、抗坏血酸（维生素C）等成分的美白身体乳进行后续护理。

◎ 可以用身体磨砂膏来去身体角质吗？

身体也是需要去角质的，可以适当使用磨砂膏来去角质，但一定要注意方法。

磨砂膏是物理去角质类的产品，含有杏仁壳、核桃壳、塑料颗粒等细小的颗粒，能通过摩擦去除皮肤表面的废旧角质，对去"鸡皮肤"也有一定的效果。但和面部磨砂膏一样，过度使用或不正确地使用身体磨砂膏会使皮肤失去原本的保护屏障，导致干燥、敏感等皮肤问题。为了避免身体磨砂膏对皮肤造成伤害，使用时需要注意下面几点：

（1）使用磨砂膏前，要用温水彻底打湿皮肤；

（2）使用磨砂膏后，要涂抹保湿类的身体乳；

（3）不要频繁使用磨砂膏，一周使用一次即可；

（4）在使用从没用过的磨砂膏之前，需要先在一小块皮肤上进行局部测试；

（5）如果皮肤有刺痛、发红的现象，需停止使用磨砂膏。

◎ 有必要用手膜吗？

　　想要对手部皮肤进行精细化护理的话，可以使用手膜加强效果。

　　手部皮肤皮下脂肪很少，又要不停地与其他物品接触、摩擦，所以十分容易干燥、暗沉、长皱纹，还容易长倒刺。日常除了涂抹护手霜、做好手部防晒等，也可以对手部进行周期护理——敷手膜。手膜主要分为清洁手膜和保湿手膜两大类。

　　清洁手膜的主要作用是去角质，通常是撕拉式的。手部的关节有很多皱褶，老化角质容易堆积，这会造成肤色暗沉，也不利于护手霜的吸收。如果手部皮肤角质较多，就可以使用清洁手膜。保湿类的手膜就和面膜一样，能在短时间内为手部皮肤补水，使双手变得柔软细嫩。

　　不管是清洁类手膜还是保湿类手膜，使用频率都不需要太高，一周一次就可以了。使用手膜后也不能忽略日常护理。

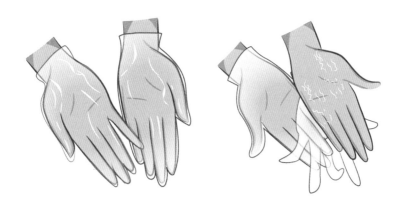

◎ 有必要用足膜吗？

　　就像身体的其他部分一样，位于身体最末端的足部也需要细心呵护。

　　我们的双脚或多或少都有一些茧，尤其是女孩子的脚，很容易被高跟鞋磨破，留下难消的伤疤，所以足部的护理不能忽略。与手膜一样，足膜也分为清洁类和保湿类两种。不同的是，足部的角质层比较厚，脚底板有时候摸起来硬硬的，所以清洁足膜除了磨砂类的，还有一类主流产品就是含酸的产品。这类产品中的酸可以软化角质，促进表皮细胞更新。使用这类足膜时，需要用其包裹住双脚20分钟到1小时，甚至更久。

　　正是由于足部清洁比较"粗暴"，清洁后的保湿就显得很重要了。可以使用身体乳、护手霜或者足部专用的护理产品慢慢按摩足部直至吸收。足部的护理也是周期性的，不需要太频繁，两周一次即可。另外，足部有感染或发炎等问题的时候，不可以使用含酸的足膜。

03

肌肤问题逐个击破

抗衰

辟谣

◎ 吃猪蹄可以补充胶原蛋白，保持年轻

胶原蛋白是人体内含量最多的蛋白质，能保持皮肤的弹性，并为皮肤表皮保持水分。随着年龄的增长，人体的胶原蛋白会慢慢减少，所以补充胶原蛋白对抗衰尤为重要。补充胶原蛋白的方法五花八门，但是并不是每一种都有很好的效果，吃猪蹄就属于民间补充胶原蛋白的"偏方"。

事实上，猪蹄中的胶原蛋白含量并没有那么多，只存在于最上面一层，皮下是大量的脂肪，脂肪要多于胶原蛋白。所以，吃猪蹄时摄入的脂肪比胶原蛋白多。

不过，从猪蹄中摄入的蛋白质会被分解成氨基酸，这些氨基酸可能会帮助我们合成胶原蛋白，只是这个量是很少的；猪蹄中的脂肪对皮肤也有一定好处，能让皮肤变得润滑。

所以常吃猪蹄对补充胶原蛋白没多大作用，只是猪蹄的脂肪可能会让皮肤变得光滑，让我们产生"吃猪蹄补充了胶原蛋白"的错觉。

◎ 胶原蛋白美容饮品比抗衰老护肤品更有效

胶原蛋白无法直接被人体吸收，无论是口服还是涂抹，都没法起到有效的抗衰老作用。在各种补充胶原蛋白的方法中，直接向皮下组织中注射胶原蛋白是最有效的，这就属于医美的范畴了。

服用胶原蛋白美容饮品后，其中的大分子胶原蛋白会在消化系统中被分解，形成多肽或者游离氨基酸后才能被吸收。这些氨基酸理论上有助于人体合成新的胶原蛋白，但效果因人而异，并不是很快就有成效。

所以，服用美容饮品不一定比涂抹护肤品更有效，但条件允许的话，双管齐下也不失为一种好方法，只是一定要选对产品，还需要摆正心态。抗衰是"持久战"，内服和外用产品都不是一朝一夕就能看到效果的。

◎ 便宜没好货，抗衰老产品越贵越好

越贵的产品效果不一定越好。

有的抗衰老产品确实含有科技成分或专利成分，所以价格偏高；有的产品使用了效果好、成本高的原料，所以价格高；但还有一部分效果不佳的产品，它们价格高是因为商家在包装和市场投放、营销推广等方面的投入较多。

有时，成分相近的两款抗衰老产品价格会天差地别，但贵的并不一定就比便宜的好。有时候一分钱一分货，有时候三分钱两分货。选购时，

一定要擦亮眼睛，选择适合自己的产品。

◎ 注意表情管理就可以不长皱纹

我们的情绪展现是由面部肌肉牵动来完成的，经常做比较夸张的表情（如眯眼、皱眉、大笑、撇嘴等），面部肌肉就会反复拉扯皮肤，在皮肤上挤出褶皱，久而久之表情纹（如法令纹、抬头纹、鱼尾纹等）就会形成，所以注意表情管理是有必要的。

但是注意表情管理，只能预防表情纹产生。随着年龄的增长，机体自然衰老也会导致皱纹产生。而导致衰老的"元凶"有很多，比如日晒、熬夜等，需要有针对性地采取预防措施才能有效预防皱纹。

解惑

◎ 抗衰老产品什么年纪开始使用比较合适？

其实年龄并不是判断是否需要开始抗衰老的唯一依据，要结合自己的皮肤状态去判断是否需要使用抗衰老产品。

皮肤的初老是有迹可循的：以前熬夜后第二天仍然神采奕奕，最近熬夜后开始有"熊猫眼"、皮肤暗沉无光泽；以前皮肤状态稳定、水油平衡，现在一到换季就爆皮、过敏；以前怎么折腾皮肤都没反应，现在每次换护肤品都需要一段时间来适应；以前皮肤光洁干净，现在皮肤开始长斑，也变粗糙了；还有，以前只涂面霜就足够了，现在不把水、乳、精华、霜全用上，面部皮肤就会紧绷、干燥和不适；等等。这些状况都说明皮肤已经开始出现初老症状了，当然，这些并不是全部的症状，但一旦你感到皮肤不再"满足"于现在的护肤，无论什么年龄，都要考虑开始使用抗衰老和修复产品了。

抗衰老也不是只靠抗衰老和修复产品就够了。首先，最基本的是日常做好防晒，紫外线是导致皮肤衰老的最强"元凶"。其次，作息要规律，饮食要健康少糖，适当补充维生素 C、维生素 E 等。最后，就是要合理使用护肤品（眼霜、精华、面霜、面膜等等）。

总结下来就是：抗衰老要趁早，开始时间没有严格的年龄限制，而是取决于自己的皮肤感受；抗衰老不能只依靠护肤品，也要改掉不好的生活习惯，同时做好防晒工作。

◎ 皮肤干燥的人更容易长皱纹吗？

首先，皮肤角质层含水量降低是皮肤生理性老化的表现，角质层含水量对皮肤的生理功能有很重要的调节作用。干燥的皮肤中，角质形成细胞的分化和增殖会明显减弱。皮肤角质层含水量一般在 10% ~ 20%，如果低于 10%，皮肤就会呈干燥状态，容易变得粗糙、松弛，时间长了，皱纹就会加速产生。另外，干燥的皮肤对局部刺激的敏感性会变强，很容易发干、发痒，如果没忍住去抓、挠，就容易进一步损伤皮肤屏障，还可能诱发皮肤炎症，进而加速皮肤的衰老。

此外，皮肤缺乏水分的滋润，容易变得萎缩、缺少弹性。所以，保湿是抗衰老最重要、最基本的工作。

◎ 做好防晒也是一种抗衰老吗？

当然是。紫外线是皮肤衰老的"元凶"，粗糙、色斑、松弛等几乎都有紫外线的"功劳"。紫外线中的 UVA 会使皮肤变黑、产生色斑，还会破坏胶原蛋白，加速皮肤衰老，甚至损伤 DNA，导致皮肤癌。做好防晒不仅能保护皮肤不被晒伤、晒黑，也可以防止 UVA 导致的胶原蛋白损伤，预防光老化。

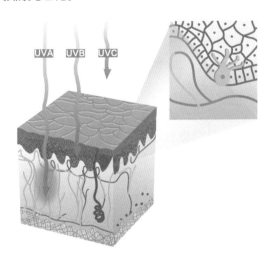

◎ 抗氧化和抗衰老是一回事吗？

抗氧化不能与抗衰老画等号，但抗氧化属于抗衰老很重要的一部分。说起抗氧化，我们首先需要了解自由基：自由基是人体内氧化反应过程中释放的一种活泼的有害物质，呼吸（氧化）、空气污染、辐射等都会刺激自由基产生。正常生理状态下人体内自由基的产生与消除处于动态平衡中，一旦平衡被打破，自由基过量产生，就会对人体的组织细胞产生破坏作用，加速衰老，诱发炎症、疾病等。

抗氧化物质能消除自由基，抑制自由基对细胞和组织的伤害，延缓机体的衰老。而抗衰老不仅仅指抗氧化，还包含很多其他方面的工作，包括养成良好的生活习惯、适度运动、使用抗衰老产品、防晒等，所以说，抗氧化是抗衰老的一部分。

◎ 抗糖化究竟是不是营销骗局？

现在，市面上有很多五花八门的抗糖化产品。在评估这些产品之前，我们需要先了解糖化反应是什么，以及抗糖化的原理，然后从成分出发，去分析各类抗糖化产品。

糖化反应的全称是"非酶糖基化反应"。简单地说，糖化反应就是糖类的还原基团与蛋白质、核酸等化合物中的氨基间发生的不需要酶催化的反应。糖化可使弹性蛋白、胶原蛋白等发生变性，使其发黄、变脆。真皮层内的胶原蛋白和弹性蛋白是让我们的皮肤保持弹性、不松弛下垂的重要结构性物质，糖基化的胶原蛋白和弹性蛋白一旦形成，就无法恢复，因此最好做好预防糖化的工作。

那么，应该如何抗糖化呢？首先，要降低糖的摄入量，这是最有效的抗糖化方法。另外，有些护肤品功效成分可以抑制糖化反应，如肌肽、硫辛酸、氨基胍等。健身运动（尤其是有氧运动）也可以消耗糖，有助于为身体和皮肤减轻糖化的压力。另外要注意，不要吸烟、饮酒和熬夜。

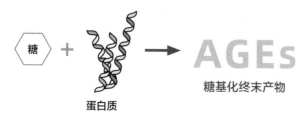

糖 + 蛋白质 → AGEs 糖基化终末产物

◎ 可以用护肤品去除皱纹吗?

随着年龄的增长,在紫外线照射的累积作用下,皮肤逐渐老化,真皮层内胶原纤维被破坏,皮肤就会松弛,出现皱纹。此外,内分泌失调、作息不规律、吸烟、面部表情较多、情绪不稳定、服用药物、饮食习惯不好等都可能导致皱纹提前出现或者加重。对于已形成的皱纹,护肤品可以起到一定程度的改善作用,但无法完全消除,因此最好的办法还是预防皱纹产生。

任何人都无法使皮肤衰老这一自然过程停步,但是做好预防工作可以延缓这个过程。要注意保持健康的生活习惯,注意饮食的营养均衡;要严格采取防晒措施,避免被紫外线直接照射;还要注重皮肤的保湿,保证皮肤有充足的水分来维持细胞的自我修复功能。在护肤品的选择上,可以适当选择有抗衰老功效的护肤品。有抗衰老功效的化妆品成分有抗坏血酸(维生素 C)、生育酚(维生素 E)、茶多酚、葡萄籽提取物、视黄醇(维生素 A)及其衍生物、多糖类、多肽类等,这些活性成分可以通过不同的原理促进胶原蛋白合成,减少自由基对皮肤的损伤,预防和延缓皮肤老化,减少皱纹的产生。

◎ 抗衰老的产品一旦用上就不能停吗?

原则上是不建议停用的,除非该产品不适合你。

随着年龄的增长,皮肤老化的问题会越来越突出。一些环境因素(如空气污染、紫外线、干冷的天气等)和一些不良生活方式(如抽烟过多、饮食不均衡、睡眠不足等)又会加快皮肤的衰老。很多人可能在接近 30 岁的时候就会出现皮肤衰老的问题。

抗衰老产品能帮助皮肤预防或延缓各种衰老问题。使用抗衰老产品一方面可以抵御外部因素对皮肤的损伤和破坏，另一方面也可以有效延缓皮肤本身的衰老。护肤需要未雨绸缪和长期坚持，所以一旦开始有计划的抗衰老护肤工作，是不建议停止的。但如果觉得当下使用的产品不适合自己或发现了效果更好的产品，可以尝试更换产品。

美白淡斑

辟谣

◎ 直接用柠檬、黄瓜敷脸可以美白

柠檬中的维生素 C 是一个美白利器，但与此同时，柠檬也含有柠檬酸等酸性成分，直接使用鲜柠檬片敷脸可能对皮肤（尤其是敏感性皮肤）造成很大刺激，容易引起脸干、发红等症状；而且，柠檬中的维生素 C 并不稳定，容易氧化变质，从而失去活性。因此，直接用柠檬敷脸并不能美白。

黄瓜也含有维生素 C，但刚切下来的黄瓜片的切面上有一种露珠状的黏稠物，可阻碍皮肤对黄瓜中有效成分的吸收。因此，直接用黄瓜敷脸也是没有美白效果的。

◎ 吃酱油会让皮肤变黑

酱油是大豆、小麦或麸皮经发酵等程序酿制而成的调味品。酱油之所以会呈现深色，是因为其发酵过程中产生了一些色素。酱油抹到皮肤上会让皮肤染色，但吃酱油并不会让皮肤变黑。

人的肤色主要由皮肤里黑色素的含量决定，而影响皮肤中黑色素含量的因素有遗传、日晒情况等。酱油中不含黑色素，也不会影响皮肤的黑色素合成速度和合成量。所以，吃酱油并不会让皮肤变黑。

◎ 泡牛奶浴、喝牛奶能美白

牛奶主要是由水、蛋白质、脂肪、乳糖等成分组成的，其中的水可以少量被皮肤吸收，分子量相对较小的乳糖也可能被皮肤吸收，但是大分子的蛋白质、脂肪等不能直接被皮肤吸收。总的来说，牛奶中的成分对皮肤的美白并不起作用，因此想通过泡牛奶浴来美白是不现实的。

有人说："我泡了牛奶浴后皮肤明明变白了呀。"那其实是皮肤泡牛奶（泡水）后水合作用增强，出现了暂时变白的效果。

有人可能要说了，喝牛奶总可以美白吧？非常抱歉，答案也是不可以。前面提到的各种成分进入消化系统之后，只能作为营养成分被人体吸收，并不能实现美白的效果。

大众之所以有牛奶能美白的认识，更多的可能是心理作用，因为牛奶本身是白色的。但泡牛奶浴时沾在身上的牛奶终究要冲掉，喝进肚子里的牛奶也会被消化掉。无论是泡牛奶浴还是喝牛奶，都没有直接的美白效果。

解惑

◎ 自制美白面膜有用吗?

近年来自制化妆品甚为流行,自己做化妆品既可以过一把当配方师的瘾,还很环保。因为选用的原料大多来源于食材或药材,自制化妆品可谓纯天然、无添加,还可以针对自己的护肤需求"对症下药"。

其中,最为流行的就是自制面膜了。自制美白面膜常用的美白原料有柠檬、芦荟、蜂蜜、豆腐等,这些材料富含抗氧化成分(维生素C、维生素E等),经过合理搭配后可以起到一定的美白作用。

自制美白面膜时,要注意以下几点:

(1)选择科学、安全的配方。

(2)保证安全:原料要安全、新鲜,尤其要注意微生物污染等问题;制作过程中用到的器皿等要洁净、无污染;最好现用现制。

(3)检查原料中是否有自己会过敏的材料。

(4)注意使用条件(如一些感光成分应避免在白天使用)和使用频率。

(5)坚持使用,这样才可能让皮肤变白。

总体来说,自制化妆品还是有技术门槛的,需要操作者有较强的动手能力。假如又想变美又懒得动手,最好还是通过正规渠道购买所需的化妆品。毕竟,安全变美才是最重要的。

◎ 吃美白丸能变白吗？

目前市面上的美白丸主要成分大多是 L– 半胱氨酸、谷胱甘肽和维生素 C，还有的会加入植物提取物或维生素 E，其余的就是填充剂了。

人的皮肤中有两种黑色素，一种是呈棕色至黑色的优黑素，一种是呈黄色至红褐色的褐黑素。有研究显示，优黑素在有色人种皮肤中较白人皮肤中多，褐黑素则相反。L– 半胱氨酸和谷胱甘肽可以使黑色素的合成方向转向褐黑素。理论上来说，增加体内谷胱甘肽的含量，可以增加褐黑素的合成比例，皮肤颜色就会变得白一些。但是 L– 半胱氨酸和谷胱甘肽在体内的生物利用率一直有很大争议，关于口服这两种成分的美白效果方面的临床数据还比较少，其有效性缺乏充分的证据。

维生素 C 和维生素 E 都可以通过日常饮食获取。这两种成分外用的美白功效已经得到验证，但是口服的维生素 C 真正被传递到皮肤部位的量非常少，口服维生素 C 美白效果方面的临床数据也比较少，因此其有效性也是存在较大争议的。

植物提取物的成分比较复杂，每种植物提取物的功效成分并不止一种，相关资料也比较少，口服含植物提取物的美白丸是否有美白效果尚不明确。

◎ 维生素 C 浓度越高，美白效果就越好吗？

维生素 C 美白的主要原理是通过抑制酪氨酸酶的活性，减少黑色素的生成，同时它还具有抗氧化作用，可以有效对抗自由基。但维生素C 并不是浓度越高效果越好。一方面，维生素 C 是一种酸性物质，浓度越高，刺激性越强，部分人群的皮肤可能对高浓度维生素 C 不耐受；另一方面，皮肤对维生素 C 的吸收存在一个理想浓度，维生素 C 溶液超过一定浓度后，经皮吸收率反而会下降。还有，维生素 C 本身是极容易被氧化的物质，含高浓度维生素 C 的产品配方设计难度非常高。

综上所述，化妆品中的维生素 C 是存在理想浓度的，并不是浓度越高，效果越好。

◎ 天生皮肤黑的人也可以变白吗？

肤色受基因调控，是与生俱来的。通常，出生时的肤色基本就是我们后天可以美白的最大限度。如果肤色天生就很黑，靠使用美白化妆品基本是很难拥有比出生时还要白的肤色的。

那么，怎么判定你的皮肤是不是天生黑呢？大家可以对比一下自己面部或颈部的皮肤和其他不常见光部位的皮肤（例如臀部或胸部）的色差是否明显。如果都挺黑的，那说明你可能属于天生黑的类型，这种情况用普通的美白化妆品是无法实现"后天白"的效果的。如果面部、颈部的肤色与身上最白的区域色差较大，那恭喜你，找到皮肤变黑的原因，然后使用合适的美白化妆品，你的皮肤是可以变白的。

◎ 刷酸能美白吗？

刷酸也称"化学换肤"，主要指利用中低浓度的果酸、水杨酸等酸性成分来促进皮肤角质层的剥脱。黑色素在黑素细胞中合成后，会被转运至角质层。适当促进角质层的脱落可以让已经转运到角质层的黑色素一起脱落，从而实现美白的效果。此外，刷酸还有助于解决痤疮、黑头、干纹、细纹、皮肤粗糙等问题。

但是刷酸存在一定的风险性，需要在专业的机构才能操作，并且刷酸后皮肤的角质层会变薄，皮肤会处于比较脆弱的状态，耐受性和锁水性也会减弱，必须注意后续的维护。

◎ 美白和抗氧化是一回事吗？

美白和抗氧化存在一些相关性，但并不是一回事。

美白的作用机理主要是降低皮肤中的黑色素含量，具体的作用机制包括：

（1）**抑制黑色素生成**：有些成分可以抑制黑色素合成所需的酪氨酸酶的活性，如熊果苷、苯乙基间苯二酚（美白377）等；有些抗氧化成分（维生素C、维生素E及相应的衍生物）可以抑制黑色素合成过程中的氧化反应。

（2）**抑制黑素小体转移**：大名鼎鼎的烟酰胺就具备此功能。

（3）**促进含黑色素的角质层剥脱**：可使用果酸、生物酶等实现此功能。

（4）**细胞自噬，机体自行消化。**

而抗氧化主要是对抗自由基。自由基对细胞的攻击会导致皮肤衰老、产生皱纹。抗氧化也可以阻止黑色素的氧化反应。

所以，有一些抗氧化成分兼具抗衰老和美白的功效，但美白和抗氧化并不是一回事。

◎ 去黄提亮和美白是一回事吗?

肤色主要受三个因素影响:①皮肤内各类色素的含量与分布状况,这些色素主要包括黑色素(优黑素和褐黑素)、胡萝卜素等;②皮肤血液内氧合血红蛋白与还原血红蛋白的含量;③光学因素,包括皮肤表面的粗糙程度、表皮的厚度对光线的影响及照射在皮肤表面的光源等。

去黄提亮的主要目的是减轻皮肤的黄气,让皮肤更有光泽。造成皮肤发黄、暗沉的主要原因有:身体健康状况不佳;皮肤被氧化,糖化程度高;老旧角质过厚;接触了具有感光性的产品;皮肤缺水。

美白的主要目的是减少皮肤中的黑色素含量,两者本质上不是一回事。但是,有一些美白成分兼具去黄功效,例如肌肽、白藜芦醇、阿魏酸、硫辛酸、抗氧化的维生素类、去角质的酸类、补水保湿的透明质酸类等。

◎ 美白产品和淡斑产品有什么不一样?

美白与淡斑相关但又有不同之处。

之所以说相关,是因为两者的原理都是减少皮肤中的黑色素含量,很多美白产品和淡斑产品的功效成分基本相同。但是,美白产品和淡斑产品的使用范围并不相同。美白产品的使用范围更广,经常是大面积甚至是全脸使用,这类产品对温和性要求更高。而淡斑产品经常是针对局部皮肤使用的,目的是使区域性的色斑颜色变浅,从而让肤色更均匀。

◎ 中年人为什么也会长老年斑?

老年斑又称脂溢性角化病,一般是在衰老皮肤上产生的顽固性色斑,有时候还伴有炎症。一旦发生,很难自然消退。

老年斑是常见的面部色斑，与紫外线照射密切相关。在赤道周围生活的人、平时户外生活比较多且不防晒的人，其暴露比较多的部位也容易长出老年斑。老年斑多见于年纪较大的人，中年人之所以会长老年斑，大多和生活方式有关，比如不采取防晒措施、长期熬夜等。

预防老年斑要注意以下几点：

（1）**做好防晒**：防护要充分，要全方位、全波段防护。

（2）**保护皮肤屏障，避免过度清洁**：脆弱的皮肤屏障遭受紫外线照射后更容易产生黑色素。

（3）**加强抗氧化**：黑色素的合成是一个氧化的过程，因此加强抗氧化对预防色斑很有帮助。

◎ 淡斑产品的淡斑原理是什么？

色斑通常是指局部皮肤黑色素增加的现象。负责制造黑色素的黑素细胞位于皮肤基底层，黑色素合成后会被转移到角质层。

淡斑的原理与美白的原理是一样的——减少皮肤表层的黑色素含量，从而让色斑淡化。色斑形成牵涉的因素较多，通常配方师在设计淡斑护肤品时会将多种美白原理不同的美白成分结合在一起，从减少黑色素合成、抑制黑色素转运、加快黑色素代谢等方向出发进行搭配，这样才能有效减少局部皮肤的黑色素含量。

◎ 不同类型的色斑的淡斑方式相同吗？

色斑有很多类型，常见的有雀斑、老年斑、黄褐斑、颧部褐青色痣等几种类型。不同类型的色斑，其形成原因、皮肤表现和治疗方法也是有差别的。

（1）**雀斑**：散布在面部的淡褐色点状色素沉着斑，往往具有遗传倾向。它与日晒有很大关系，日晒后斑点数目会增多、颜色会加深。常用的治疗方法是光子治疗和激光治疗。

（2）**老年斑**：亦称脂溢性角化病，除了与年龄的相关性较高外，与日晒也有很大关系。其主要表现为稳定的平于表皮的褐色斑，有逐渐增大或增厚的趋势。平于表皮的老年斑可采用激光治疗，突出于皮肤表面的老年斑可以用二氧化碳激光磨掉凸起的皮损。

（3）**黄褐斑**：一种面部获得性色素增加性皮肤病。中青年时期、部分妇女妊娠后都有可能会出现黄褐斑加重的情况。它与遗传易感性、紫外线照射、激素水平变化相关。有黄褐斑的人皮肤也容易出现敏感、泛红、脱皮等现象。因此在淡化黄褐斑的同时，也要注意对皮肤的修复。它的治疗策略是：避免诱发因素，注意防晒，加强皮肤保湿和皮肤屏障修复，合理选择药物，同时可酌情考虑医美治疗。

（4）**颧部褐青色痣**：与前面几种色斑不同，颧部褐青色痣是一种涉及真皮的色素增加性皮肤病，这种色斑通常是褐青色或灰褐色的，对称分布于颧骨周围。颧部褐青色痣首选的治疗策略也是激光治疗。

以上这些色斑，在治疗后都一定要注意做好防晒。

◎ 不晒太阳就不会长斑吗？

前面已经提到，引起色斑的原因有很多。其中雀斑是遗传性的，在

3 ~ 5 岁时就会出现。另外，有部分妇女妊娠后会出现黄褐斑，这很可能与激素水平的变化有关，还有部分黄褐斑与遗传有关。皮肤存在炎症时（比如湿疹、皮炎等皮肤病，或者医美术后的并发炎症等），黑色素合成会增多，这也会导致皮肤变黑或者出现色斑。

　　因此，不晒太阳不一定就不会长斑。但是大多数类型的色斑会因日晒而加深，即便不是日晒引起的色斑，治疗后也一定要注意防晒。

祛痘

辟谣

◎ 长痘是因为出油多，所以要用皂基洁面产品去油

皂基洁面产品脱脂力强、泡沫丰富、易冲洗，确实深受很多油性皮肤的朋友喜爱，尤其是在气候炎热的地域。长痘的一个原因是雄激素诱发皮脂腺增生，促使皮脂大量分泌，最后诱发皮脂腺炎症。但这并不意味着长痘了就一定要用皂基洁面产品。皂基洁面产品的清洁能力虽然比较强，但是也有一定的刺激性，长期使用皂基洁面产品可能会损伤皮肤屏障，使皮肤的调节能力失衡、锁水能力下降，这可能会导致皮肤更容易出油。因此，并不是说皮肤长痘、出油多，就一定要用皂基洁面产品去油。

◎ 青春痘会自然消退，不必理会

到了青春期，人体内的雄激素特别是睾酮的水平会迅速升高，可能会诱发青春痘。一般在度过青春期之后，激素水平会恢复正常，皮脂分泌也会恢复正常，痘痘就会消退。但这并不意味着青春痘可以不理会。

痘痘的严重程度不同，处理方法也不同。如果只是粉刺，注意日常生活习惯，采用正确的护肤手段来处理即可。但如果痘痘已经发展为中重度或重度（大量丘疹和脓疱，或者出现结节、囊肿等），就需要及时就医，否则可能会引发更严重的问题，皮肤上也可能会留下痘印、疤痕等。

◎ 晚上睡觉前不要抹东西，小心"闷痘"

"闷痘"是指没有发作出来的痤疮，按着比较疼，虽然挤不出来，但是里面已经发炎。闷痘的形成主要是因为皮脂腺过于活跃，过多的皮脂不能及时排出，堆积在皮脂腺的管道内导致皮脂腺深处发炎，但还没形成开放性的丘疹、脓疱。晚上我们入睡之后，身体依然在进行新陈代谢。所以睡前是很好的护肤时机。做好皮肤清洁工作之后，使用不含封闭性很强的成分（如矿物油类的油脂）的护肤品并不会导致闷痘。

◎ 祛痘化妆品中都含有抗生素和激素

抗生素和激素都是化妆品禁用的成分，在化妆品中添加抗生素和激素是违法行为，国家相关部门对这种违法行为打击力度很大。只要是从正规渠道购买的化妆品，都可以放心使用。需要注意的是，祛痘化妆品只能用来调理轻度和中度的痘痘，而痘痘发展至中重度和重度后需要及时就医，配合医生进行治疗。

解惑

◎ 痘痘有哪些类型？

痘痘在医学上叫痤疮，根据皮损程度，痘痘可分为轻度、中度、中重度和重度四个等级。

痘痘的分级

轻度（Ⅰ级）	以粉刺为主，少量丘疹和脓疱，总皮损小于 30 个
中度（Ⅱ级）	有粉刺，中等数量的丘疹和脓疱，总皮损在 30 ~ 50 个
中重度（Ⅲ级）	大量丘疹和脓疱，偶见大的炎症性皮损，分布广泛，总皮损在 51 ~ 100 个之间，结节少于 3 个
重度（Ⅳ级）	结节囊肿型痤疮，伴有疼痛，总皮损多于 100 个，结节或囊肿多于 3 个

上面的分类其实还是不能帮我们很好地理解或应对痘痘。我们可以按照是否发生炎性损害，将痘痘简单分为两大类。

（1）**没有发炎的痘痘**：这类痘痘就是我们说的粉刺，例如闭口粉刺（白头）、开放性粉刺（黑头）等，这一类痘痘是可以通过涂抹护肤品解决的。

（2）**发炎的痘痘**：包括丘疹、脓疱、结节、囊肿等。这类痘痘的治疗重点是抑菌、抗炎，以口服药物、外用抗生素治疗为主，护肤品只能作为辅助手段。

结合上面的分级可以看出，护肤品主要可以应对轻度（Ⅰ级）和中度（Ⅱ级）的痘痘，更严重的痘痘还是建议去医院就诊。

◎ 长痘痘期间的护肤要点是什么?

在学习痘痘的护理前，我们先要了解痘痘的成因。痘痘（也就是痤疮）形成的机理是这样的：皮脂腺分泌了过多皮脂，毛囊漏斗部的角质细胞粘连性增加，堵塞了毛囊，毛囊皮脂腺内的细菌（痤疮丙酸杆菌）大量繁殖，引发炎症，毛囊发红肿胀，最终形成痘痘。如果毛囊没有发红肿胀，便会形成闭合性粉刺，也就是我们所说的"闭口"。

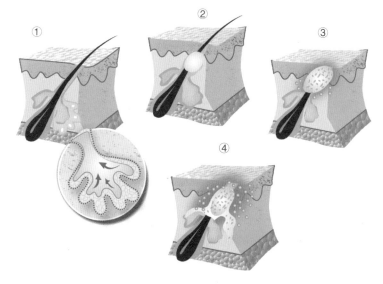

痘痘的发生过程

根据痘痘的成因，我们可以总结出痘痘肌的护理要点：

（1）**要注意皮肤的清洁**：清洁要适度，不能因为皮脂过度分泌就过度清洁，否则不仅会损伤皮肤屏障，还可能导致痘痘加重。

（2）**疏通毛孔，净化毛囊**：应该适当去角质、控油、收缩毛孔，让皮肤保持清爽的状态。痘痘的一个重要诱因就是毛囊过度角化。对于过度角化的毛囊，我们需要定期清理皮肤表面和毛囊中的角化物，以疏通毛囊。对于毛囊中的栓塞物，通常可以使用酸性产品使其分解、排出。

（3）**注意抗炎抑菌**：前面提到痘痘的分类，从粉刺、丘疹到脓疱，再到结节、囊肿等，程度依次加重。当痘痘进入炎症期，普通护肤品已经无法抵御时，就需要就医，请皮肤科医生来干预。

（4）**注意后期的皮肤修复**：当痘痘得到控制后，皮肤上可能会留下痘印或痘坑，后期还要有针对性地进行皮肤修复。

◎ 应该先涂保湿霜还是先涂祛痘膏？

祛痘膏是对付痘痘的产品，主要是起杀菌消炎的作用，其常用成分有维 A 酸、壬二酸及 BPO（过氧化苯甲酰）等。引发痘痘的痤疮丙酸杆菌为厌氧菌，通常存在于毛囊皮脂腺中，因此祛痘膏中的活性成分只有深入皮肤毛孔才能消灭它们。

保湿霜一般采用水油乳化体系，含油性成分相对较多，主要发挥保湿的功效。

鉴于两者配方和用途的差异，原则上建议痘痘没有痊愈前只用祛痘膏，痘痘康复了再用常规的护肤品。如果两者均需使用，建议先涂祛痘膏，让活性成分直接起效，再涂保湿霜保湿。

◎ 痘痘发炎还可以刷酸吗？

"刷酸"是指把酸类成分涂在脸上，利用酸性物质去掉老化的角质，露出新的角质层，甚至刺激表皮新生。刷酸属于医美项目，该项目使用的酸类成分浓度高达 20% ~ 50%，常用的酸有水杨酸、果酸等。水杨酸可以使角栓松动，并能抗炎、抑菌；果酸能加快老化角质细胞的脱落，预防毛囊口堵塞。这两种成分都有辅助祛痘的能力。但是，痘痘发炎意味着毛囊已经出现了感染，此时皮肤屏障处于受损的状态，再刷酸就是雪上加霜。所以出现炎症型痘痘时不能轻易刷酸。

◎ "三角区"的痘痘到底能不能挤？

生活中我们常常听到"面部三角区千万碰不得"之类的说法，因为"不注意的话容易出事"。媒体上也有报道称有人因为挤了"三角区"的痘痘而发生颅内感染，住进重症监护室。"三角区"真的这么危险吗？

面部三角区是指以人的鼻骨根部为顶点，两口角的连线为底边的一个等腰三角形区域，包括了鼻子以及鼻翼两侧等部分。当三角区的皮肤受损，细菌可能通过伤口进入血液，并可能被带入颅内，散播到大脑的每个角落，引发脑膜炎、脑脓肿，甚至危及人的生命。

如果你不慎抠破了三角区的痘痘，一定要谨慎对待，如有不适，应立即就医。

◎ 用抗生素祛痘效果更好吗？

抗生素可以杀灭细菌或抑制细菌生长。对于发炎的痘痘而言，使用抗生素可以抑制其感染的痤疮丙酸杆菌以及其他细菌的繁殖，迅速控制症状，防止炎症进一步恶化。

但是引发痘痘的因素是多方面的，除了细菌繁殖，还有皮脂腺皮脂分泌异常、皮脂腺管道不正常角质化等。抗生素只是控制了细菌引起的炎症，并没有从根源上解决痘痘形成的其他诱因。皮脂分泌物没有正常排出，毛囊堵塞的问题没有解决，痘痘只能暂时被压制，停药后，痘痘在潜伏一段时间后可能会复发。如果反复用药，皮肤可能会对抗生素产生耐药性。

痤疮领域世界级顶尖专家布丽吉特·德雷诺（Brigitte Dreno）提出：应对痤疮，最好把外用和口服抗生素与其他方式相结合。所以单纯用抗生素祛痘并不是很理想的方式。

◎ 痘痘贴到底能不能有效祛痘？

据说痘痘贴是美国 3M 公司研究员偶然发明的。它的材质是亲水性敷料，具有吸收创面渗液的能力。它可以形成一个封闭的环境，保护伤口不受外界细菌的侵扰。等痘痘形成白头之后挑破，在创口上贴上痘痘贴，一段时间后，痘痘贴就会开始吸收痘痘里的脓液，并持续保护创口、隔绝外部污染，这样痘痘会恢复得更快。

但是有的痘痘贴上会有提示：不要把痘痘挤破。这样的痘痘贴最多能起到隔靴搔痒的作用，无法真正祛痘。它最大的功效也许就是让我们好动的手不能去挤痘痘了。

还有一类加强型的痘痘贴，其敷料里面加了"料"——抗菌剂（如水杨酸）。在痘痘贴形成的封闭环境中，这些抗菌成分更易被皮肤吸收从而发挥作用。当然，敏感性皮肤的人使用此类产品时要慎重。

◎ "爆痘"与吃辣有没有关系？

辣椒富含辣椒素，辣椒素有止痛、抗炎和加快代谢、促进血液循环的功效。从这个角度看，吃辣并不会让人长痘痘。但是如果皮肤已经长了痘痘或者已经有炎症，此时吃辣会促进血流微循环，加快一些炎性因子的渗出，从而导致痘痘爆发。

这就是为什么很多爱吃辣的川妹子皮肤依然那么好，而有痘痘的同学一吃辛辣食物痘痘就会加重。而且辛辣食物通常比较油腻，我们吃辛辣食物的同时还经常配上饮料，在这些高糖、高脂肪食物的轰炸之下，身体中的雄激素分泌会更加旺盛，这会使得皮脂腺分泌功能亢进，"爆痘"就在所难免。

◎ 长痘痘与激素有关吗？

前文提到过，痘痘的成因之一是皮脂腺过度分泌皮脂，而皮脂腺的分泌功能与人体激素水平有关。能影响皮脂腺分泌的激素主要是雄激素和雌激素。有一类痤疮称为高雄激素性痤疮，它又包含多囊卵巢综合征性痤疮、月经前加重性痤疮、迟发性或持久性痤疮等类型。这一类型的痤疮的发生与血清睾酮水平增高有关。因此，长痘痘与激素是有关系的。

◎ 红色痘印和黑色痘印有何区别？

在痘痘康复过程中，皮肤上可能会出现红色或黑色痘印，这两种痘印在形成原理上是有所不同的。

（1）红色痘印

红色痘印的形成原因是痘痘处的细胞发炎引起血管扩张，痘痘消退后，炎症还没完全消退，毛细血管还没恢复至原来的状态，就形成局部的充血。这种红色痘印并不算是疤痕，会在半年内渐渐褪去。

想对付红色痘印，在选择护肤品时，可以优先选择有抗炎、消炎作用的护肤品，如含马齿苋提取物、洋甘菊提取物、金盏花提取物、甘草酸二钾、尿囊素、红没药醇等成分的产品。

（2）黑色痘印

黑色痘印是痘痘的炎症消退后，皮肤上出现的色素沉淀，颜色明显发黑。一般来说，黑色痘印能否快速淡化取决于色素堆积的位置：层次浅的就淡化得比较快；如果在真皮层以下，淡化的时间可能就会很长。这是一种暂时性的假性疤痕。

对付黑色痘印，可以从还原已合成的黑色素和加快角质层黑色素的代谢两个方向入手。有还原黑色素功效的成分有抗坏血酸（维生素C）及其衍生物、生育酚（维生素E）、羟癸基泛醌（艾地苯）、原花青素等，有加快角质层黑色素代谢功效的成分有视黄醇（维生素A）及其衍生物、水杨酸、果酸等。此外，也要注意抗炎，防止炎症继续诱导黑色素沉着，加重痘印的颜色。

辟谣

◎ 敏感性皮肤的人只能用清水洗脸

因为敏感性皮肤的皮肤屏障不完善，甚至处于受损状态，所以不建议敏感性皮肤的人用清洁力很强的产品洁面，但也不一定只能用清水。

我们的皮肤每天都会接触很多"污染物"，比如空气中飘浮的颗粒物、彩妆、防晒霜等。如果没有及时将这些物质清除，它们都会成为皮肤的负担，对皮肤造成伤害。敏感性皮肤的皮脂腺也会分泌一定量的皮脂（可能会比正常肌肤少一些），这些皮脂会吸附上述"污染物"，而清水无法有效清除这些污染物。为了做到有效清洁的同时又不过度清洁，敏感性皮肤的人可以使用一些温和的洁面产品，如氨基酸类洁面产品。

◎ 敏感性皮肤的人不能使用添加了香精、防腐剂的化妆品

化妆品中的防腐剂的作用是抑制细菌和真菌等微生物的繁殖。如果不添加防腐剂，细菌和真菌等微生物就会在开盖的同时进入产品内部，

利用产品中的营养成分大肆繁衍。

只要添加量控制在一定范围内，传统防腐剂对皮肤来说还是比较安全的。如果防腐剂添加量过大，敏感性皮肤就会受到明显的刺激，出现瘙痒、刺痛、灼热等表现。但是，目前配方师已经研发出新型防腐替代体系（如多元醇类等），既能发挥防腐功效，又没有传统防腐剂的刺激性。

香精一般是复合物，其中有些成分可能会导致皮肤过敏。可以选择那些剔除了过敏原、成分较为安全的产品。

敏感性皮肤的人因为皮肤屏障受损，更容易接触到过敏原，确实需要谨慎选择化妆品，但无香精、无防腐剂的化妆品并不是唯一的选择。一些安全性较高的品牌选用的香精或防腐剂都比较安全，那些仅以最低剂量添加安全度极高的香精或防腐成分的化妆品，敏感性皮肤的人是可以考虑的。

◎ 敏感性皮肤的人只能用药妆类的产品

"药妆"虽然在日本、美国等国家有相关的定义，但我国并没有"药妆"这个类别的产品。我国药监局明文规定："药妆品""医学护肤品"都是违法宣称。

敏感性皮肤的人皮肤屏障相对较薄或者已经受损，比较容易受到外界刺激，在选择护肤品的时候，对产品的功效成分需要多加留意。国外的一些药妆类护肤品成分更精简，确实更适合敏感性皮肤的人使用，但普通护肤品并非就一定对敏感肌有刺激。通过特殊的技术、配方的协调配伍等可以降低一些成分的刺激性，这类产品也比较温和，敏感性皮肤的人也可以使用。

解惑

◎ 过敏和敏感有何区别？

皮肤过敏是一个医学概念，是指皮肤接触某种物质（即过敏原）后出现的一种异常的病理性免疫反应。而皮肤敏感是一种皮肤亚健康或非健康的状态。因此，敏感≠过敏，二者有本质区别。

根据 2017 版的《中国敏感性皮肤诊治专家共识》，敏感性皮肤（sensitive skin）特指皮肤在生理或病理条件下发生的一种高反应状态，主要发生于面部，临床表现为受到物理、化学、精神等因素刺激时，皮肤易出现灼热、刺痛、瘙痒和紧绷感等主观症状，伴或不伴红斑、鳞屑、毛细血管扩张等客体体征。国际上将敏感性皮肤定义为一种独立综合征，但同时又提出它与一些皮肤病或特应性体质（易过敏）相关。也就是说敏感性皮肤容易过敏，但皮肤过敏不一定都是在敏感的基础上发生的。

所以，当皮肤出现不适症状（如泛红、发痒等）时，需要先区分原因，再对症下药。

◎ 干性敏感肌和油性敏感肌有什么区别？

干性敏感肌和油性敏感肌是美国知名皮肤科医生莱斯莉·褒曼独创的"16 型皮肤分型"中的两种（详见本书第 6 ～ 7 页）。

干性敏感肌和油性敏感肌都属于敏感性皮肤，这意味着这两种类型的皮肤都不能接受强烈的刺激，如物理摩擦（用化妆棉二次清洁）、化学侵害及强烈的温度变化等。

干性敏感肌由于皮脂分泌较少，需要从外界获得一些额外的保护，因此，对这类肤质的人来说，"补"重于"排"。干性敏感肌人群在护肤选择上与普通干性皮肤的人基本一致，应避免过度清洁或去角质，并尽量选择无色、无香精、无酒精、低刺激防腐体系的护肤品。

而油性敏感肌皮脂分泌量大，这些皮脂容易被氧化，产生一些会引起皮肤炎症的物质，因此，对这类肤质的人来说，"排"重于"补"。所以，油性敏感肌人群要合理清洁，不过度使用保湿产品。尽管皮肤易长黑头、粉刺，但因为皮肤敏感，也不能采用野蛮的方法处理。

◎ 敏感肌都是"作"出来的吗？

敏感性皮肤的诱因比较复杂，遗传、激素水平、季节交替、温度变化、熬夜、生气、精神压力、饮食不当以及外用消毒清洁产品、外用药物等都可能导致皮肤敏感。当然，也确实有因为"作"导致皮肤敏感的案例，如频繁刷酸、长期过度清洁、频繁去角质、叠加使用刺激性强的功效性产品、使用违法添加糖皮质激素的化妆品等。

◎ 如何正确判断自己是不是敏感性皮肤？

目前，敏感性皮肤的评估方法主要有三种，其中最简单的方法是主观评估。被调查者需要根据自己受到触发因素刺激时皮肤是否容易出现灼热、刺痛、瘙痒及紧绷感等主观症状，对皮肤的敏感状况进行自我评估，自行判断是否为敏感性皮肤。可能的触发因素如下：

（1）**物理因素**：如季节交替、温度变化、日晒等。

（2）**化学因素**：如化妆品、清洁用品、消毒产品、维 A 酸等刺激性外用药、环境污染物（如雾霾、灰尘、汽车尾气）等。

（3）**精神因素**：如焦虑、抑郁等。

如果皮肤受到上述多个因素刺激时均易出现灼热、刺痛、瘙痒及紧绷感等主观症状，那基本可以判定自己是敏感性皮肤了。

另外，还有半主观评估、客观评估两种专业评估方法，这两种方法需要在专业人士或者医生的配合下完成。

◎ 敏感性皮肤的人可以使用功效性护肤品吗？

功效性护肤品一般是专门针对有特定护肤需求的人设计的，对皮肤有特别的护理作用，如补水保湿、抗衰老、防晒、抗炎舒缓、美白、祛痘等。

对敏感性皮肤的人而言，首先推荐使用舒缓修护、补水保湿、抗炎退红等类型的护肤品。因为防御外界刺激的盔甲——皮肤屏障此时并不完善，皮肤对外界刺激因素较为敏感，我们不确定在这种情况下使用一些刺激性较大的功效性产品皮肤能否承受，敏感是否会因此而加重。

但是对于其他功效性产品，我们也并不能一味说不。皮肤极度敏感或正处于敏感期的时候，肯定不能使用功效性产品；而在敏感的状况得到缓解之后，适当使用比较温和且含有抗炎成分（如甘草酸二钾、红没药醇等）的功效性产品也是可以的。

◎ 皮肤出现敏感症状时，能更换护肤品吗？

皮肤出现敏感症状时，需要根据引起敏感的原因来判定是否需要更换护肤品。

如果目前使用的是有刺激性的护肤品，例如高清洁力的产品（纯皂基洁面产品）、含香精的产品，那么这时候无疑是需要更换护肤品的。但怎么换，换成什么样的，都需要特别注意。因为皮肤屏障已经很脆弱了，所以应尽量选择一些成分温和、功效简单（补水保湿、抗炎舒缓）的护肤品，并且要观察新换的产品是否与自己的皮肤"兼容"。有些产品在使用初期皮肤可能没有反应，这是因为敏感的发生有时会有延迟，需要有一定的耐心来观察。

如果敏感症状的发生是由其他因素引起的，而且目前使用的产品无刺激源，那么就无须更换产品，保持日常的维稳护理就可以了。

◎ 敏感性皮肤的人可以使用去角质产品吗？

根据中国医师协会发布的《中国人面部皮肤分类与护肤指南》，不建议敏感性皮肤去角质。

去角质是为了剥脱该脱落但未及时脱落的角质层。但是对于敏感性皮肤而言，其皮肤屏障本来就相对较薄或者受损，此时去角质，相当于把皮肤上已经不那么强韧的盔甲直接脱掉，让里面细嫩的肌肤暴露在外，这无疑会加重皮肤的敏感。同时，去角质一般会采用化学方法（刷酸）、物理方法（摩擦）或酶解法（相对温和，但条件苛刻），这些方法本身对皮肤就是一种刺激，特别是对敏感性皮肤来说。

所以，敏感性皮肤的人尽量不要去角质。假如皮肤正处于过敏或者晒伤等状态，就更不能去角质了。

◎ 敏感性皮肤的人能用高清洁力的产品吗？

不建议敏感性皮肤的人用高清洁力的产品。

　　敏感性皮肤通常都存在角质层结构不完整、表皮细胞间脂质含量不平衡、皮肤经表皮失水率增加等生理表现，这些都是皮肤屏障受损的表现。

　　通过下面的表皮结构示意图我们可以看出，表皮的角质层是由角质细胞（含有各种天然保湿因子）及细胞间脂质组成的，这就是我们常说的"砖墙结构"，也是狭义的皮肤屏障。皮脂腺分泌的皮脂流到皮肤表面，也成了皮肤屏障的一部分。当我们用高清洁力的洁面产品洁面时，皮脂会统统被洗掉，这对于敏感性皮肤本已受损的角质层而言无疑是雪上加霜。

　　所以，敏感性皮肤的人是不能用高清洁力产品的。

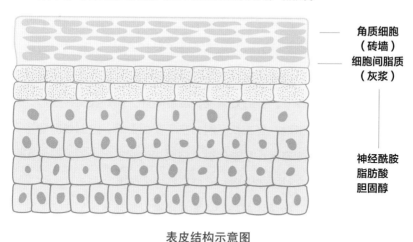

角质细胞
（砖墙）
细胞间脂质
（灰浆）

神经酰胺
脂肪酸
胆固醇

表皮结构示意图

◎ 敏感性皮肤的人可以使用含酒精成分的产品吗？

　　答案很明确：敏感性皮肤的人不可以使用含酒精成分的产品。虽然酒精在护肤品中很常见，在给肌肤带来清凉感的同时还有杀菌、消炎、收敛毛孔等功效，但并不适合皮肤屏障不完善的敏感性皮肤。因为上述的这些优点对于敏感性皮肤而言是绝对的缺点。

第一，酒精能带来清凉感是因为酒精极易挥发，它从皮肤表面挥发时还会带走皮肤上的水分，使皮肤干燥缺水，更易敏感。

第二，浓度较高的酒精会破坏皮肤自有的水质膜，造成皮肤屏障的损伤，使皮肤变得更加脆弱、敏感。

所以，为了强化皮肤屏障的修复，敏感性皮肤的人切忌选用含有酒精之类的刺激成分的产品。

◎ 换季期间，敏感性皮肤的人需要采取什么防护措施呢？

在换季的时候，敏感性皮肤更容易因为天气的变化而出现一系列症状，所以需要更加细心地去护理。冬去春来时，柳絮、花粉等过敏原四处飘散，这些东西对敏感性皮肤而言简直就是炸弹，随时都会让皮肤瘙痒、发红，甚至冒疹子。春去夏至时，温度陡升，紫外线变得强烈，需要特别注意防晒和维稳。夏去秋至时，空气变得干燥，这时候需要特别注意保湿。冬天温度降低，从室外进入空调房或暖气房里时，温度和湿度都会剧烈变化，这对敏感性皮肤而言又是一大伤害。

所以在换季时，敏感性皮肤的人要多注意以下几点：

（1）避免化厚重的彩妆，给皮肤减轻负担。

（2）避免频繁以及长时间敷面膜，以免伤害皮肤屏障。

（3）避免接触过敏原，比如春天易发湿疹，要少去空气污染严重的场所，少食用容易导致过敏的食物等。

（4）及时舒缓皮肤，如使用纯水保湿喷雾。

（5）精简护肤：不过度清洁，减少使用的产品的种类，多使用抗炎舒缓的产品。

（6）注意适度防晒，优选纯物理防晒措施（穿防晒衣、打遮阳伞、戴遮阳帽等）。

◎ 敏感性皮肤的人只能用医美面膜吗?

准确来说，医美面膜应该叫"医用敷料"，通常由医疗美容机构或者医院里的医生开给做完医美项目后的人或皮肤病患者使用。

我们平时敷的面膜都是"妆字号"，但是医美面膜是"械字号"，属于医疗器械，相对来说，它的安全性更高、成分更简单、功效更明确、针对性更强。相较普通面膜，医用敷料确实更适合敏感性皮肤，但这并不绝对。因为普通妆字号面膜并不是一概不能用于敏感性皮肤，关键要看它的配方中有没有添加刺激性的成分，是否具有基础的补水保湿功效等。

◎ 修复和维稳是一回事吗?

修复与维稳看似都是针对问题皮肤的，其实它们并不是一回事。

修复的范围比较广，既包括皮肤光老化后的修复，也包括对痘痘引起的损伤的修复。我们这里说的"修复"主要是针对敏感肌皮肤屏障损伤的修复，目的是将不健康的皮肤状态通过一定的方式调整为健康状态。

维稳，主要是将皮肤维持在一个良好的动态平衡的状态，即使受到外界因素的刺激也不会立即过度反应。例如：干皮要保湿，油皮要控油，痘痘肌要减少痘痘的产生，敏感肌要让肌肤不再敏感，这样的一系列过程就是我们所说的皮肤"维稳"。

其实，如果选择了合适的护肤品，那么每天的护肤过程都是维稳的过程，将皮肤保持在一个稳定的状态，就不需要增加特别的修复步骤。

◎ 修复类产品真的可以修复皮肤屏障吗？

在回答这个问题前，我们先要了解一下皮肤屏障如何才能被修复。

前文提到过皮肤屏障的组成：角质细胞中含有各种天然保湿因子，使角质层含水量维持在 10% ~ 20%；角质细胞间是细胞间脂质（由神经酰胺、游离脂肪酸、胆固醇等按比例组成）；角质层上还有皮脂腺分泌的皮脂。但是，敏感性皮肤的这一套结构并不是那么完善。修复类产品应针对性地解决敏感性皮肤的问题，起到以下作用：

（1）加强保湿：添加与天然保湿因子作用类似的成分，如透明质酸、尿囊素等。

（2）补充细胞间脂质：按一定比例添加神经酰胺、游离脂肪酸、胆固醇等成分。

修复类产品在配方设计上会考虑以上这些点，同时不添加刺激性成分（如香精、酒精），选用温和的防腐成分，这些对皮肤屏障的修复都是非常有帮助的。另外，皮肤自身就有一定的自我修复功能，只要我们减少外界对皮肤的伤害，采取正确的清洁和维稳方式，皮肤屏障功能就能恢复正常。

去黑头、缩毛孔

辟谣

◎ 有黑头就是皮肤清洁不到位

清洁不到位只是黑头形成的原因之一。

黑头又被称为"开口性粉刺"，经常发
生于面部（尤其是鼻子）、前胸和后背。黑
头形成的原因是皮脂腺分泌的皮脂与老旧角
质和空气中的粉尘混合后堵塞了毛孔，导致
皮脂无法排出毛孔外，皮脂堆积物又和空气
接触，表面被氧化后呈黑色。

所以，黑头的形成既有外在原因，又有内在原因。针对外在原因，
在洗脸时应彻底清洁面部，确保没有有害物质残留，并养成定期去角质
的习惯，及时清除老旧角质。内在原因主要是皮脂分泌旺盛，这点需要
内调外养相结合：少吃油腻的食物，多吃蔬菜水果，保持规律的作息，
不熬夜，还可以使用控油、保湿的产品帮助皮肤达到水油平衡，从而减

少皮脂分泌。

另外还要注意，如果已经出现黑头，不要用手去挤，也不要过度使用黑头贴之类的利用"拔除法"去黑头的产品，一是容易造成感染，二是容易使毛孔变得粗大。情况严重的话，最好还是及时就医。

◎ 只有油性皮肤的人才会有毛孔粗大的烦恼

混合性皮肤和干性皮肤同样会出现毛孔粗大的情况。毛孔粗大是因为毛孔体积增大，导致肉眼可见的皮肤质地不平整及凹陷状的外观。出现这种现象的主要原因是皮脂分泌旺盛、毛孔周围组织结构松弛、毛囊肥大等。此外，生活作息不规律或内分泌失调也容易导致皮肤变得粗糙，形成黑头、白头，毛孔也会因此变得粗大，尤其是鼻翼及鼻翼两侧部位。因此，混合性、中性和干性皮肤如果不注意护理，一样会有毛孔粗大的问题。

想要预防毛孔粗大或收缩毛孔，就要定期做深度清洁，平时做好保湿，并且注意改善饮食习惯和生活习惯。

解惑

◎ 做好清洁就不会长黑头吗？

黑头产生的原因离不开"皮脂分泌过多、皮脂腺堵塞、微生物大量繁殖、炎症"这四个因素。如果日常洁面时清洁到位，将彩妆彻底卸除，并定期去角质，保证皮肤屏障的健康状态，在一定程度上可以预防黑头的产生。另外，洁面后认真做好保湿工作，保持皮肤水油平衡，也能在一定程度上预防黑头和毛孔粗大的问题产生。

不过，在前文中也提到过，黑头的产生主要还是因为皮肤内部分泌的皮脂过多，所以只靠护肤是不够的，还需要配合内调，让皮肤保持正常的新陈代谢。

◎　黑头和白头有什么区别？

我们熟知的"黑头"和"白头"都是痤疮的临床表现。

当毛孔内的皮脂堆积物（皮脂和老旧角质等）多到我们肉眼可见的时候，就会形成我们平时说的白头。而当这些白头从毛孔中冒出来，呈开放状态时，皮脂堆积物表面会因氧化而变黑，这就是我们所说的黑头了。所以黑头被称为"开口性粉刺"，白头被称为"闭口性粉刺"。

◎　网传的用白砂糖、食盐、小苏打等去黑头的方法可行吗？

这些方法的效果并不理想。

网传的将白砂糖、食盐和小苏打等混在洗面奶中去除面部黑头的方法属于物理摩擦法，这种方法一定程度上能去除黑头冒出毛孔外面的部分，但残留在毛孔里面的皮脂堆积物是无法去除的，这些皮脂堆积物如果再次接触空气，还是会被氧化并形成黑头。而且，去除这些物质并不能从根本上解决皮脂过度分泌的问题，源源不断的皮脂依然会从皮脂腺分泌出来，堆积在皮脂腺内形成新的粉刺。另外，因为白砂糖和食盐颗粒都比较大，这种"暴力"摩擦法还可能对皮肤造成损伤。

◎ 黑头能否通过护肤品彻底去除？

有去除黑头作用的护肤品有以下几种：

（1）撕拉式鼻贴：这是采用物理方式去黑头的产品，易损伤角质层，而且治标不治本，频繁使用会使毛孔变得更粗大、油脂分泌得更多、黑头更明显。

（2）含霍霍巴油、角鲨烯等与皮脂成分相似的产品：这些成分具有极强的亲和力，能渗透进毛孔，让黑头慢慢软化浮出，但见效比较慢，而且一般要搭配黑头铲将油脂震碎，以加速进程。

（3）调节皮脂分泌、疏通毛孔类的产品：如含维 A 酸、水杨酸、果酸、B 族维生素及抗氧化类成分的产品，这些产品可以通过抑制皮脂分泌、软化角栓、抑制脂质合成或皮脂氧化等方式，达到控油、减少毛囊堵塞的效果。但使用这类护肤品时，需要注意皮肤耐受性的建立。

◎ 造成毛孔粗大的原因有哪些？

毛孔粗大主要发生在面部皮肤上，从发生率方面来说，鼻翼＞鼻正面＞颊部。皮脂、灰尘和化妆品残留物等混合而成的角栓堵在毛孔处，就容易使毛孔变粗大。鼻部皮脂分泌相对旺盛，而鼻翼处的毛囊皮脂腺要多于鼻正面，因此鼻翼处最容易出现毛孔粗大的问题。

面部皮肤毛孔粗大与年龄、性别、皮肤的特性、防晒习惯等很多因素都有一定的相关性。自然老化、光老化的累加作用，加上美容护肤习惯、生活习惯是否良好等，都会影响面部毛孔粗大的发生率。很多毛孔粗大的发生与毛孔清洁情况密切相关，清洁不当的话，毛孔就容易因堵塞而变大。

◎ 使用控油产品能解决毛孔粗大的问题吗？

控油产品的控油原理通常有以下几种：

（1）添加对油性成分有吸附作用的微球颗粒（如玉米淀粉、硅粉等）：粉体类成分易堵塞毛孔，这类产品使用后如果清洁不彻底，对毛孔粗大有害无益。

（2）添加能延缓和抑制皮脂在皮肤表面的分布的成分（如有机硅类成分）：这种产品会使得皮脂回不去也出不来，同样不利于毛孔收缩。

（3）用水杨酸、果酸等清除毛孔堵塞物：这类产品可以软化角栓、疏通毛孔，对防止毛孔粗大是有帮助的。

（4）抑制皮脂腺皮脂合成或分泌：这类产品也有收缩毛孔的作用。如果产品使用了收敛性成分（如铝盐、锌盐等），则是通过蛋白质凝固来收紧皮肤、缩小毛孔，进而减少皮脂分泌。

因此要根据控油产品的作用方式来判断，并不是所有的控油产品都可以解决毛孔粗大的问题。

◎ 用冷水洗脸能缩小毛孔吗？

如果感觉用冷水洗脸后毛孔缩小了，那只是热胀冷缩的效果，这种效果是暂时的。正常情况下，人体体温是恒定的，即便用冷水洗脸暂时降低了面部皮肤的温度，引起毛孔缩小，在皮肤温度恢复正常后，毛孔也会随之恢复正常大小。

◎ 护肤品能清洁毛孔和收缩毛孔吗？

护肤品可以清洁毛孔，让毛孔看起来变小。

一方面，可以用清洁类产品给毛孔做大扫除，把毛孔中的角栓和夹杂的皮屑清除掉，帮助毛孔收缩。此外，洁面后皮肤细胞水分充足，皮肤的透明度、清爽度都会好很多，因此毛孔看起来会比清洗前小一些。

另一方面，可以使用含水杨酸、果酸类成分的护肤品溶解角质，降低硬化的皮脂及污垢等对毛孔的附着力，使毛孔堵塞的情况得到改善，这样毛孔也有可能缩小。

04

王者篇

人气产品点评

▶ 选品解释

从做化妆品成分查询工具开始，美丽修行一直走在追寻科学、刨根问底的路上。

我们都知道，光看成分是无法判断一款化妆品的好坏的。化妆品的好坏与配方、工艺、原材料等都有着密不可分的关系。然而消费者获取和甄别这些信息的难度非常之大，那么有没有更有效的方式呢？

在互联网和大数据的帮助下，我们统计美丽修行平台的数据，结合行业内专家的意见，推出了这样一份产品榜单，希望帮大家省下更多的时间与金钱。

每个榜单的产品，我们给出了美丽修行 APP 上的用户综合评分（评分数据截至 2021 年 12 月 12 日），帮助你简单了解这款产品在用户中的口碑。这是一个满分为 5 分、颗粒度为 0.01 分的评分系统，是根据了解这款护肤品的用户的评分计算出来的。如果去美丽修行 APP 查看用户评论，你会发现大家在尽情地讨论产品的成分和功效。至今为止，这个 APP 上的累计用户评论已达 200 万条。我们将这些评论汇集起来，综合考量商品的热门度、品牌的影响力与口碑、用户收藏数量、用户实际前往电商平台进行购买的情况等，对产品进行点评，力求给你一个客观的参考。

卸妆产品榜单

◎ 碧柔深层净润卸妆乳

参考价格: 59 元 /150mL

美丽修行评分: 4.25

◇ 美丽修行点评 --○

　　碧柔是日本花王集团旗下的肌肤护理品牌,特色品类是防晒和清洁产品。这款卸妆乳没有花哨的概念性成分,用的都是经典实用的成分。它使用的是合成表面活性剂,含有防腐剂和香精,是比较传统的乳状配方。

　　作为一款卸妆乳,它的卸妆能力比卸妆油弱,比卸妆水强。它使用起来比较方便,不需要用化妆棉,避免了机械摩擦的损伤。平时可以用它来卸除淡妆和防晒霜,由于价格亲民,即使拿来卸除身体防晒也不会心疼。

　　这款产品的用户反馈两极分化比较大:好的评价主要集中在产品肤感清爽、温和,卸妆力强,不致痘,用后皮肤也不会发干,保湿力度还不错;负面评价是使用时容易出现熏眼睛的现象,使用后面部会有假滑的感觉,也有少数人反馈用后脸上会长闭口,所以一定要注意二次清洁。

　　总的来说,这款产品携带方便,性价比高,很适合卸除淡妆和防晒霜。

◎ 美宝莲眼部及唇部卸妆液

参考价格： 59 元 /150mL

美丽修行评分： 4.50

◇ **美丽修行点评** - ○

　　美宝莲是欧莱雅集团旗下的大众彩妆品牌，世界上第一支现代眼部彩妆产品——睫毛膏就是这个品牌生产的。

　　靠睫毛膏发家的美宝莲，在专注于眼部彩妆的同时，眼部卸妆产品也做得响当当。这款卸妆液是水油分层的设计，上层是硅油（聚硅氧烷）和合成油脂，下层是水和表面活性剂。从配方上看，它添加的活性成分比较少，因此价格比较亲民。它的卸妆能力比较强，适合卸除眼部和唇部的浓妆。注意不要用它来卸除全脸的妆容，否则很容易堵塞毛孔，导致闭口的产生。

　　很少有用户反馈使用该产品后有过敏的情况，有少数用户反馈使用时会有点熏眼睛。有用户说使用不便，因为混合均匀后，水油分层的速度太快了。但水和油只有充分混合，才能按比例分布在使用部位，在达到卸妆目的的同时保持面部清爽。所以大家一定要按照正确的方式使用：使用前打开盖子，按住内塞孔摇一摇，待水油混合均匀后再倒在化妆棉上使用。

　　总的来说，这款产品的卸妆力度是非常值得肯定的，但油感比较重，用后需要二次清洁。

◎ 贝德玛舒妍多效洁肤液

参考价格： 168 元 /500mL

美丽修行评分： 4.45

◇ **美丽修行点评** -○

　　贝德玛（BIODERMA）是法国药妆品牌，号称"每 3 秒钟就卖出一瓶卸妆水"。这款卸妆水是当红爆品，适合敏感肌。

　　它分进口和国产两种版本，二者的成分都非常简单，都是 10 种，主要成分也差不多。其中，PEG-6 辛酸 / 癸酸甘油酯类是表面活性剂，可以溶解油脂，卸除彩妆，丙二醇也有一定的溶解油脂的作用。不同的是，国产版防腐剂用的是苯氧乙醇，而进口版用的是西曲溴铵。根据 EWG（美国环境工作组）的评分来看，苯氧乙醇的安全分是 2 ~ 4 分，西曲溴铵是 5 分，分数越低表示成分越安全。不过，两个版本的配方整体都是比较安全的。进口版里含有 4 种起保湿作用的异构糖，国产版用具有保湿作用的透明质酸和具有控油作用的葡糖酸锌等成分替代了进口版中的一些糖类。由此来看，国产版的成分搭配更符合国人的喜好。

　　官方宣称这款卸妆水能做到卸妆、洁面、爽肤三合一，只用化妆棉擦洗即可。但是，长期用化妆棉摩擦面部容易造成机械损伤，建议卸妆后用清水冲洗。

　　根据用户反馈，这款卸妆水可以卸掉淡妆，用时不刺激，使用后皮肤感觉比较清爽，不会有紧绷感或者油腻感等不良感受。有极少数用户反馈它有点辣眼睛，使用时需要尽量避免弄到眼中。

◎ 娜斯丽卸妆洁面啫喱　香橙

参考价格： 148 元 /180mL

美丽修行评分： 4.44

◇ 美丽修行点评 ----------------------------------○

　　娜斯丽（Nursery）是日本的小众品牌，其品牌特征是产品有柚子般的清香味。这款卸妆产品曾获得日本 COSME 大赏（日本由消费者评出的化妆品排行榜）的第一名，也是娜斯丽的爆款产品，不少国人去日本"买买买"时都会选择这款卸妆产品。

　　这款卸妆啫喱的配方采用了合成表面活性剂、多元醇类和合成油脂的组合。它的膏体呈淡黄色，配方里的香橙果皮油、香橼果皮油等天然成分使其具有类似柚子的果香味。同时，它不含色素、香精，配方整体比较温和。它肤感不油腻，卸妆力算是中等偏上，可以卸除防晒霜和淡妆。

　　大多数用户反馈这款产品温和不刺激，少数干性肤质的用户认为用后保湿感不太强。少数用户反馈使用后脸上会长闭口，这可能是一些合成油脂和高分子增稠剂残留在皮肤上引起的，建议卸妆后进行二次清洁。

　　总体而言，这款产品肤感比较清爽，性价比高，味道好闻，用时不会熏眼睛，适合敏感性和油性皮肤的人使用。

◎ 逐本清欢植萃水感洁颜油

参考价格： 118 元 /150mL

美丽修行评分： 4.25

◆ 美丽修行点评 -------------------------------○

　　逐本是最近几年火起来的国产品牌，由一名芳疗师自创，深受很多"成分党"的喜欢。这款卸妆油是他们家的爆品，配方是植物油加乳化剂的体系，不含防腐剂、香精、色素，是一款比较温和的卸妆产品。

　　用户反馈这款产品卸妆力不错，很容易卸掉淡妆，卸浓妆需要增加使用量，特别是眼线，可能需要多敷一会儿。部分用户觉得它对黑头也有一定的清理作用。其香味来自植物精油，这种香味有些人很喜欢，也有少数人会吐槽。

　　大多数用户反馈这款卸妆油上脸很舒服，不会糊眼睛，用后不会拔干，保湿度还不错。少数油性皮肤用户使用后感觉有油腻感，还需二次清洁。还有极少数人用后脸会发红、有刺痛感，这可能是因为他们对植物精油或者乳化剂比较敏感。

　　总的来说，这是一款性价比比较高的卸妆产品。

◎ 芳珂速净卸妆油

参考价格： 199 元 /120mL

美丽修行评分： 4.35

◆ 美丽修行点评 ------------------------------------○

芳珂（FANCL）是日本有名的"无添加"品牌。所谓"无添加"是指不添加 1980 年日本厚生劳动省列出的 102 种可能引起皮肤敏感的化妆品成分（如防腐剂、合成色素、合成香料等）。

这款卸妆油采用带泵头的设计，取用方便。它的成分比较简单，温和的氨基酸表面活性剂为其主要的清洁成分。它不含防腐剂、香精，因此开封后容易滋生细菌，应尽快使用完，官方给出的开封后保质期是 120 天。

这款产品的口碑不错，大多数用户反馈其卸妆能力较好，能卸掉具有防水性的彩妆。少数油性肤质用户认为它有点滑腻。还有少数油性肤质用户反馈用后脸上会长痘，这可能跟使用方法有关，卸妆油如果没有充分乳化可能会有部分油分残留在皮肤上，从而堵塞毛孔。因此，一定要注意使用方法。

总体来看，这是一款比较温和的卸妆产品，适合所有肤质的人使用。

◎ THREE 温和卸妆油

参考价格： 318 元 /200mL

美丽修行评分： 4.46

◇ 美丽修行点评 ------------------------------------○

　　THREE 是日本化妆界"四大花旦"之一的宝丽（POLA）旗下的有机护肤品牌，包装走的是极简风路线。这款卸妆油的包装是透明瓶，一眼就能看到里面淡黄色的油，加上白色的压泵，整体格调简单自然。

　　这款产品采用的是天然植物油加乳化剂的配方。其中的植物油有白池花籽油、茶籽油、葡萄籽油、蔷薇花油、霍霍巴籽油等，其特征是油而不腻，不容易堵塞毛孔。此外，它不含防腐剂、香精和色素，是一款成分非常友好的卸妆产品，敏感肌人群和孕妇都可以使用。

　　这款卸妆油是全油的配方，利用"相似相溶"的原理将油溶性的彩妆清除。它的卸妆能力非常强，但要注意使用手法：先在干手干脸的情况下用卸妆油按摩脸部，待彩妆溶解后，再用少量的清水将它们彻底乳化，最后进行二次清洁。

　　总的来看，用户对这款卸妆油的评价不错，认为它能把浓妆卸得很干净又不刺激皮肤，用后皮肤不紧绷，也不会有油腻感。大多数用户也比较喜欢它的柑橘味。有用户反馈，这款产品还可以清理部分黑头和白头。因为它采用了全油配方，有极少数用户反馈用时会有些糊眼睛。

洁面产品榜单

◎ 旁氏焕采净澈系列米粹润泽洁面乳

参考价格： 29.9元/120g

美丽修行评分： 4.21

◇ **美丽修行点评** - ○

旁氏（POND'S）起源于美国，于1987年被联合利华集团收购。1988年，旁氏品牌带着其旗舰产品"冷霜"进入中国。

这款性价比很高的洁面产品深受国人青睐。它使用的四种清洁剂中有两种是氨基酸类表面活性剂。防腐剂方面它用的是苯氧乙醇和碘丙炔醇丁基氨甲酸酯（IPBC），IPBC是比较传统的防腐剂，虽然安全风险略高，不过其含量是控制在安全范围内的，并且很快就洗去了，对于一款便宜的洁面产品来说，这点也能接受。

大部分用户反馈其脱脂力适中，用后皮肤不会有紧绷感。此外，其淡淡的香味也比较受欢迎。有少数用户说用后有假滑现象，也有少部分干性皮肤的用户认为用后皮肤有点干，所以，用后要尽快进行后续的补水等护肤步骤。

有人对里面添加的二氧化钛比较担心，其实二氧化钛在里面是起着色剂的作用，添加量非常少，它可以保证膏体的亮度，并没有堵塞毛孔的风险。

总体来说，这是一款适合"吃土"时期使用的氨基酸洁面产品，性价比还是挺高的。

◎ 宝拉珍选大地之源洁面凝胶

参考价格： 210 元 /200mL

美丽修行评分： 4.47

◇ **美丽修行点评** - ○

宝拉珍选（PAULA'S CHOICE）是美国化妆品专家宝拉·培冈创立的一个成分主义品牌。宝拉·培冈深入研究化妆品成分近 30 年，分析了 5 万多款化妆品的成分，撰写了 20 多本美容书，被誉为"化妆品警察"。

这款洁面产品瓶身是绿色的，膏体呈啫喱状，质地比较稀，像鼻涕一样，因此被大家戏称为"绿鼻涕"。它是一款非常温和的洁面产品。它采用十分温和的葡糖苷表面活性剂为主要清洁成分，复配两性离子表面活性剂，还添加了有消炎作用的皱波角叉菜和库拉索芦荟叶汁，不含香精、色素，防腐剂使用的也是相对比较温和的苯氧乙醇和山梨酸钾。

根据大多数用户的反馈来看，这款产品虽然很温和，但清洁力很不错，可卸除防晒霜和淡妆，用后皮肤不紧绷、不干燥。如果不使用起泡网，它起的泡沫会很少。此外，因为没有加香精，少数用户不太能接受它的味道。

总的来说，这是一款口碑还不错的洁面产品，适合敏感肌人群使用。

◎ 珂润润浸保湿洁颜泡沫

参考价格： 108元/150mL

美丽修行评分： 4.47

◇ 美丽修行点评 ━━━━━━━━━━━━━━━━━━━━━○

珂润（Curel）是日本花王集团旗下专为干性敏感肌打造的护肤品牌。

这款洁面泡沫成分相对简单，除了有舒缓抗敏作用的甘草酸二钾，没有其他花里胡哨的活性成分，也没有添加香精。它采用两种氨基酸表面活性剂和一种甜菜碱型表面活性剂作为清洁剂，这是非常温和的搭配。其防腐体系也是比较常见的苯氧乙醇、乙基己基甘油以及羟苯甲酯的搭配，这些成分也都比较温和。

这款洁面泡沫使用起来比较方便，直接按压泵头便可自动打出细腻绵密的泡沫。由于它比较温和，因此在干性和敏感性皮肤用户中的反馈特别好，用户普遍认为它的清洁力不会过度，洗后皮肤不会觉得干燥，也没有刺痛感和紧绷感。极少数皮肤出油较严重的用户认为用它洗脸会洗不干净，这与其比较温和的清洁配方有关。

产品中的丙二醇有助于溶解油脂，提升清洁能力，少数人可能会对这个成分过敏，所以建议使用前先在耳后测试，无问题后再全脸使用。

总的来说，这是一款比较好的洁面泡沫，适合干性、轻油性和敏感性皮肤的人使用。

◎ 安妍科氨基酸泡沫洁面乳

参考价格: 218 元 /207mL

美丽修行评分: 4.35

◇ **美丽修行点评** - ○

安妍科（Elta MD）是美国的小众品牌，也是一个医学护肤品牌。

这款产品近几年被炒得比较火。它有两大特色：一个是比较有趣的自发泡技术，即不用手搓，抹在脸上 30 秒后会自动产生泡沫；另外一个是采用温和的氨基酸表面活性剂作为清洁剂。

它的配方中含有三种氨基酸表面活性剂，以及促进自发泡的全氟丁基甲醚。全氟丁基甲醚这个成分有一定的争议，因其沸点比较低，使用时会有吸入的风险，但考虑到它的添加量比较少，这种风险基本可以忽略。

这款产品宣称卸妆、洁面二合一，能卸掉淡妆和防晒产品，清洁力属于氨基酸类洁面产品中偏强的，大多数油性皮肤的人也会觉得它洗得比较干净。它的泡沫比较绵密，入眼不会刺激。用户对它的整体反馈不错，认为它用起来比较舒服，洗后皮肤不会有紧绷感。但也有少数油性皮肤的用户觉得它的清洁力不够。

总体来看，这是一款比较温和的洁面产品，绝大多数人都可以使用。但要注意，如果你是干性和敏感性皮肤，建议不要让自发泡的膏体在脸上停留过长时间，不然可能会引起皮肤不适。

◎ 科颜氏金盏花清透洁面啫喱

参考价格： 290 元 /230mL

美丽修行评分： 4.46

◇ **美丽修行点评** ----------------------------------○

科颜氏（Kiehl's）原本是美国的自然护肤品牌，后加入欧莱雅集团。它之前一直被叫作"契尔氏"，由于 2009 年进入中国时"契尔氏"已被注册，故品牌中文名定为"科颜氏"。

这款洁面产品是透明的啫喱状，清洁体系采用的是甜菜碱表面活性剂加氨基酸表面活性剂，添加的母菊花油和金盏花花提取物都具有一定的抗炎效果。它不含香精、色素，其香味源自植物本身的淡香，防腐剂使用的是比较常见的苯氧乙醇。总体来看，产品的配方比较温和。

这款产品的总体评价不错，用户认为它的用量比较省，起泡性比较好，虽然泡沫不算绵密，但清洁力不错，而且洗后皮肤不会干燥、紧绷。它还有一定的控油作用，并且香味比较讨喜。极少数用户觉得用后皮肤有点假滑。

整体来看，这是一款口碑不错的洁面产品，对敏感性和油性皮肤都比较友好。

◎ 芙丽芳丝净润洗面霜

参考价格： 150 元 /100g

美丽修行评分： 4.48

◆ **美丽修行点评** -○

芙丽芳丝是日本佳丽宝集团下的护肤品牌，旨在呵护易敏感的脆弱肌肤。这款经典的氨基酸洁面产品近年来已经"霸屏"洁面界，特别是"氨基酸清洁剂"的概念火得一塌糊涂时，这款产品是很多人的选择。

这款产品用的是氨基酸表面活性剂，还添加了甘油作为保湿剂，无防腐剂、香精和色素，是一款专门为敏感肌打造的产品。

大多数用户反馈，这款洁面产品泡沫丰富，清洁力度刚刚好，洗完后皮肤感觉很清爽，不紧绷也不会假滑。极少数用户反馈用后脸上会长痘，因为痘痘的成因通常比较复杂，所以对此我们持怀疑态度。

总的来看，这是一款非常经典、"一直被模仿但从未被超越"的氨基酸洁面产品，适合干性、敏感性皮肤，其他肤质也可使用。

◎ 芳珂净肌保湿洁面粉

参考价格： 160 元 /50g

美丽修行评分： 4.39

◇ 美丽修行点评 -○

不同于传统清洁产品的乳状、啫喱状质地，这款产品是不含水分的粉状质地。它不含防腐剂、香精、色素，清洁成分主要是两种氨基酸表面活性剂，非常适合敏感肌和十分在意产品安全性的人使用。另外，它加了一点点皂基类表面活性剂以增强清洁力和起泡度。

这款洁面粉加少许水就能搓出非常绵密的泡沫，加上配方里还有一些非常顺滑的保湿成分，如甘露糖醇、葡萄糖等，所以它在使用时很容易推开，用它洁面后皮肤也不会有紧绷和干燥的感觉。

大多数用户反馈这款洁面粉非常温和，清洁力适中，用后皮肤比较水润。唯一美中不足的是这款产品容易吸潮，需要在开封后 2 个月内用完。平时要将其放在干燥的地方，避免产品的保质期因吸潮而缩短。

◎ 欧缇丽葡萄水补水保湿舒缓喷雾

参考价格： 148 元 /200mL

美丽修行评分： 4.34

◇ 美丽修行点评

欧缇丽（CAUDALIE）是法国的护肤品牌，主打葡萄提取物。这款喷雾含有具有抗衰作用的葡萄多酚，不过其有效浓度还是比较低的。

简单的成分赋予这款产品温和安全的特性。用户普遍反馈这款产品喷雾比较细，使用起来非常舒服，补水和镇静效果也不错。但是它的喷口处容易变色，这是残留物中的活性成分接触空气后被氧化造成的。

仍有极少数的用户用后出现不适，这可能是因为他们对葡萄中的小分子提取物比较敏感。美丽修行平台的数据显示，几乎每款产品都有相应的过敏人群，这跟个人体质有关，所以产品是否温和还得看使用人群的过敏概率，这款喷雾用后有不适现象的人还是极少的。

总体来说，这款喷雾配方温和，敏感肌也可以使用。

◎ 无印良品基础润肤化妆水　清爽型

参考价格： 98元/400mL

美丽修行评分： 4.45

◇ **美丽修行点评** - ○

无印良品是日本的杂货品牌。"无印良品"在日语中的意思是"无品牌标志的好产品"，体现出品牌纯朴、环保、以人为本的理念。

无印良品基础润肤化妆水有清爽型、高保湿型和滋润型三种，各类型的成分区别不是特别大。清爽型的成分最简单；高保湿型添加了透明质酸，总体感觉会比较黏；滋润型添加了一些起封闭保湿作用的油脂，用后皮肤会感觉更滋润。

清爽型以小分子的多元醇、糖基海藻糖以及聚乙二醇-32（PEG-32）为保湿成分，以马齿苋提取物和尿囊素为抗炎成分，还加入了调理肤感的成分（聚季铵盐-51）。它不含色素、防腐剂和香精，配方构成适合敏感肌。

这是一款回购率比较高的产品。大多数用户反馈它上脸舒服不刺激，并且吸收快，用后皮肤不觉得油腻。有的人会用它进行皮肤维稳，或者在刷酸前使用。重度油性肤质用户中有少数人反馈产品肤感比较黏腻。

作为一款化妆水，它能起到基础的保湿和二次清洁作用，相对比较温和，而且"便宜大碗"。

◎ 悦木之源韦博士灵芝焕能好底子精华水

参考价格： 330 元 /200mL

美丽修行评分： 4.42

◇ **美丽修行点评** - ○

　　悦木之源（ORIGINS）是雅诗兰黛集团旗下的植物护肤品牌。

　　这款水又叫"菌菇水"，以桦褐孔菌提取物和赤芝提取物为主打成分，这两种成分对稳定皮肤状态和修复皮肤有一定作用。含有菌类提取物、多种植物提取物及精油是该产品配方不同于其他化妆水的地方。因为植物精油可能引起过敏，所以建议先在耳后测试，确认不会过敏后再使用。

　　这款水有一定的黏度，保湿性不错，油性皮肤的人使用后可能会觉得肤感没有那么清爽。

　　大多数用户反馈这款水肤感比较清爽，上脸容易吸收，对皮肤有一定的修复作用，特别是对痘痘肌比较友好，能抑制痘痘，消除痘印，并且有一定的控油作用。少数用户反馈使用后皮肤会刺痛、泛红。

　　总的来说，这是一款使用感还不错的化妆水，适合敏感肌和痘痘肌，也可用于皮肤维稳。

◎ 茵芙莎流金岁月凝润美肤水

参考价格： 350 元 /200mL

美丽修行评分： 4.13

◇ **美丽修行点评** --------------------------------○

茵芙莎（IPSA）是资生堂旗下的高端护肤品牌，致力于为现代女性量身定制护肤产品，传达"自我、自主、自发"的理念。

这款水是茵芙纱的爆品，又被称为"流金水"，其瓶身造型独特，采用的是不规则的曲线设计，简洁大气，非常有品牌特色。

流金水的配方骨架是高分子保湿成分(聚季铵盐–51)加多种活性成分。有人说这款水有股酒精味，这应该是排在成分表第二位的双丙甘醇的味道，它能提高皮肤抓水能力，起到保湿作用。同时这款水中添加了具有美白提亮及抗氧化功效的凝血酸、维生素 E 衍生物、生育酚（维生素 E），还添加了很多植物提取物。其中，芍药根提取物有很好的舒缓抗炎功效，对引发痘痘的细菌有抑制作用。

这款产品比较容易吸收，肤感清爽不油腻。根据大多数用户的反馈来看，它的补水效果不错，有一定的去闭口效果，去痘痘的效果不明显，使用后皮肤会变得比较通透、有光泽。

总体来讲，这是一款适合维稳的护肤水，但是敏感肌需在耳后测试后再使用。

◎ 黛珂紫苏精华水

参考价格： 530 元 /300mL

美丽修行评分： 4.44

◇ 美丽修行点评 --------------------------------o

　　黛珂诞生于 1970 年，是高丝集团旗下的顶级品牌，由高丝创始人小林孝三郎先生亲自创立。它因出色的渗透技术而闻名，倡导"乳液先行"的理念。这款紫苏水与澳尔滨健康水、SK-II 神仙水并称"日本三大神水"。

　　这款精华水的主要成分是酒精、多元醇、紫苏叶提取物、甜菜碱，还添加了保湿剂水解透明质酸，并且有香精，这是比较有代表性的日系化妆水配方。

　　这款产品一般搭配同品牌的牛油果乳液使用，先乳后水。乳液可以软化角质，同时缓解酒精的刺激，酒精可以帮助其他成分渗透吸收，使用后皮肤会感觉比较水润。

　　这款产品肤感比较清爽，非常适合油性皮肤的人使用。很多用户觉得这款产品有抗炎的作用，能消除痘痘和闭口，对皮肤有比较好的维稳作用。但不建议敏感肌人群用它来敷全脸，毕竟它的酒精含量比较高，长期湿敷容易破坏角质层，损伤皮肤屏障。

◎ 奥碧虹爽肤精萃液

参考价格： 640 元 /330mL

美丽修行评分： 4.39

◇ **美丽修行点评** - ○

　　这款产品又称"澳尔滨健康水"，官方宣传它需配合同系列的渗透乳使用，而且要"先乳后水"。其原理是乳液中添加了角质层中本来就有的神经酰胺、胆固醇等脂质成分，可以软化角质层，这有助于产品中活性成分的吸收，同时可以保护皮肤，缓解产品中的酒精对皮肤的刺激。

　　产品中添加的多元醇和酒精可使产品肤感清爽，欧洲七叶树和北美金缕梅提取物具有控油的作用，川谷籽（薏苡仁）提取物具有平滑肌肤、预防粉刺的作用。

　　大多数用户反馈这款产品保湿性不错，用后皮肤感觉比较清爽，局部湿敷可抗炎、消除痘痘，对闭口有一定的抑制作用。

　　整体来看，这款水具有调理角质层水油平衡的作用，可帮助皮肤恢复正常状态，非常适合油性和混合性皮肤的人使用。

◎ SK-II 护肤精华露

参考价格： 1540 元 /230mL

美丽修行评分： 4.46

◇ **美丽修行点评** - ○

这款就是大名鼎鼎的"神仙水"，SK-II 的"当家花旦"。虽然它的成分表看起来简单，但其核心成分 pitera 并非单一成分，而是一种特殊的酵母的发酵产物滤液，其中包括多种氨基酸、矿物质、有机酸以及多糖类等营养成分。

无数用户的口碑撑起了这个产品长盛不衰的销量。用户反馈主要包括：控油效果好，可抑制痘痘，可消除痘印、改善毛孔粗大，用后皮肤变软、变光滑、透明度增加，等等。对产品的保湿性用户褒贬不一，这也很正常，毕竟我们不能指望一款没有油性成分的精华水有柔润作用和封闭性的保湿作用。

有极少数人会对 pitera 过敏，这就像有特定人群天生对青霉素过敏一样。此外，还有用户担心长期使用该产品会形成依赖性，以及越用皮肤会越薄。其实，任何效果好的产品，停用后皮肤都会慢慢恢复原状，这是正常的。使用正规护肤品不会形成依赖，说护肤品有依赖性的基本是谣言。而越用皮肤越薄的说法是片面的，pitera 可以促进皮肤自然更新，而不是强行剥脱，只要对 pitera 不过敏，这款水是可以长期使用的。

总体而言，这款产品油皮用户的使用感受要好于干皮用户，很多敏感肌用户的使用效果也不错。建议初次使用时先测试是否过敏，毕竟还是有极少数人对 pitera 过敏。

精华榜单

◎ The Ordinary 10% 烟酰胺 +1% 锌精华原液

参考价格： 79 元 /30mL

美丽修行评分： 4.44

◇ **美丽修行点评** -o

The Ordinary 是加拿大 DECIEM 公司旗下的一个小品牌，近几年在国内兴起，号称"低价猛药"和"原料桶"。

这款产品以含 10% 的烟酰胺和 1% 的 PCA 锌为卖点。烟酰胺这个成分非常火，一说到美白类成分，可能大部分人首先就会想到它。它除了有美白功效，还有一定的抗炎和抗氧化功效，对抑制痘痘和抗衰老有一定的作用。而 PCA 锌具有抑制皮脂分泌的作用。

因为这款产品的烟酰胺浓度很高，很多敏感肌用户会不耐受，用后皮肤会出现刺痛、红肿等不良反应，建议耳后测试无问题或者建立皮肤耐受性后再使用。大多数油性耐受性肤质用户反馈这款产品效果不错，主要表现在控油效果明显，有淡化痘印的作用，坚持使用可在一定程度上提亮肤色。

这款产品被吐槽得比较多的是它的质地比较黏稠，有点像胶水，少数用户反馈使用后有搓泥现象。

总的来说，这是一款性价比较高的产品，推荐油性耐受性肤质的用户使用。

◎ Pro-X by Olay 亮洁皙颜祛斑精华液

参考价格： 359 元 /40mL

美丽修行评分： 4.47

◇ **美丽修行点评** -○

宝洁家的这款方程式精华含有5%浓度的烟酰胺（能抑制黑色素小体转移到皮肤表面），再配合能抑制促黑激素（MSH）活性的十一碳烯酰基苯丙氨酸以及能抑制酪氨酸酶活性的糖海带提取物，三者相辅相成，通过不同的原理实现美白祛斑的效果。

大多数用户对这款产品的反馈不错，认为它的肤感比较清爽。好多用户认为这款产品搭配露得清A醇使用效果更佳，它们可以起到抑制痘痘、消除痘印的效果，也有一定紧致毛孔的作用，长期使用皮肤会明显变白。也有用户反馈这款产品的滋润度比较一般，比较适合油性皮肤。干性皮肤的朋友如果要使用，需要注意后续的保湿。

有少数用户反馈这款产品比较容易搓泥，为了保证使用效果，建议不要叠加太多产品使用。而且因为产品中烟酰胺的浓度比较高，敏感肌人群建议先建立耐受性后再使用。

总的来说，这款产品口碑不错，适合有去痘印和美白诉求的朋友使用。

◎ 修丽可植萃舒缓修复精华露

参考价格： 595 元 /30mL

美丽修行评分： 4.45

◇ **美丽修行点评** - ○

修丽可是美国的品牌，后来被欧莱雅集团收购，属于比较高端的药妆品牌。

这款精华又被称为"杜克色修"，有普通版和加强版两种。加强版（美版）中加入了曲酸和熊果苷这两种美白成分。品名中的"植萃"主要是指从植物中提取的活性成分，比如有预防粉刺、舒缓抗敏和美白作用的油橄榄叶提取物，有保湿、抗炎作用的黄瓜果提取物和柚果提取物，有美白作用的桑根提取物（含有氧化白藜芦醇）。产品中添加的透明质酸钠可维持表皮的水分含量，从而修复受损的皮肤。

由于添加了透明质酸钠和羟乙基纤维素，这款精华质地有点黏稠，少数油性皮肤用户觉得比较油。有少数敏感肌用户使用后出现过敏现象。很多用户反馈这款产品可以消除红色痘印，对新生痘印的效果尤其明显，对陈旧痘印的消除效果相对没有那么明显。

总的来说，它的修复效果还算不错，推荐给需要祛痘印的用户使用。

◎ 娇韵诗双萃焕活修护精华露

参考价格： 695 元 /30mL

美丽修行评分： 4.49

◇ **美丽修行点评** -------------------------------○

　　娇韵诗是法国品牌。这款精华又叫"黄金双瓶"，诞生于 1985 年，已有 30 多年的历史，是娇韵诗的明星产品。官方宣称它有抗衰和修复功能。

　　这款产品的特色是油和水分离的双管设计，油相管中含有角鲨烷、鳄梨油、水杨酰植物鞘氨醇、轻质的合成油脂以及抗炎抗氧化的植物提取油性成分等；水相管里面以植物提取物为主。这种新颖的组合方式可以省去乳化剂，避免乳化剂对皮肤的潜在刺激。

　　干皮用户对这款产品的评价很好，认为它的保湿效果给力，后续上妆非常服帖，不会起皮，使用后皮肤变得细腻、有光泽。少数用户反馈这款产品使用之初的体验不是特别好，吸收性一般，并且用后皮肤会变黄，但是坚持使用一段时间后皮肤会变得细腻光滑。还有少数油皮用户反馈用后会闷痘。

　　总之，这是一款经典的抗初老精华，适合干皮用户使用。

◎ 伊丽莎白雅顿时空焕活胶囊精华液

参考价格：690 元 /28mL

美丽修行评分：4.42

◇ 美丽修行点评 ------------------------------○

伊丽莎白雅顿是全球知名品牌，它创立于美国，后来被露华浓集团收购。这款产品被称为"金胶"，是雅顿的明星产品之一。它的独特之处就是将活性成分封装在独立的胶囊中，一次用一粒，即使不添加防腐剂，产品也不易变质。

这款产品是纯油剂型的，主要是轻质的硅油和合成油脂，还添加了多种修护皮肤屏障的成分，如角鲨烯、神经酰胺、亚油酸等。同时，产品中添加了维生素 A 衍生物和生育酚（维生素 E），有一定的抗衰作用。

这款产品延展性比较好，刚上脸时可能会觉得有点油，多按摩一段时间便可完全吸收，对于干性皮肤而言非常滋润。有敏感肌用户反馈该产品对红血丝有一定的缓解作用，可在一定程度上修复敏感肌，使皮肤变得柔软、细腻。也有极少数油性皮肤用户反馈使用后容易长痘。

总之，这是一款适合偏干性敏感肌人群使用的产品，有抗初老的作用。

◎ 雅诗兰黛特润修护肌活精华露

参考价格： 900 元 /50mL

美丽修行评分： 4.47

◇ **美丽修行点评** - ○

这款产品就是大名鼎鼎的"小棕瓶"，于 1982 年推出，是雅诗兰黛经久不衰的明星单品。

这款产品的主打成分是二裂酵母发酵产物溶胞产物。这是一种只用于护肤的优质酵母精华，含有 B 族维生素、矿物质、氨基酸等有益皮肤的小分子成分，能促进皮肤修复，抵抗紫外线损伤，配方中的其他酵母类成分能增强它的修复功效。此外，这款产品还添加了能温和补水、滋养皮肤的卵磷脂、维生素 E 衍生物、透明质酸钠以及有舒缓抗炎作用的红没药醇、菊类提取物等。

作为一款经典产品，它的肤感很舒服。大部分用户反馈产品对维持皮肤的稳定性有帮助，能修复伤口、缓解炎症，保湿效果也不错。极少数油性皮肤用户反馈产品有点油。

总的来看，这款产品适合轻熟及熟龄肌肤用户使用。

◎ 兰蔻全新精华肌底液

参考价格： 1080 元 /50mL

美丽修行评分： 4.48

◇ **美丽修行点评** - ○

兰蔻是欧莱雅旗下的高端品牌。这款产品也叫"小黑瓶"，属于兰蔻的经典之作。

这款产品跟雅诗兰黛的"小棕瓶"有点类似，主打成分也是二裂酵母发酵产物溶胞产物。产品中还添加了酵母提取物、腺苷来补充营养，加上具有美白、抗氧化作用的抗坏血酸葡糖苷，可以起到一定的提亮肤色的效果。此外，产品中的变性乙醇（也就是经过特殊处理的酒精）可以在一定程度上促进其他活性成分的吸收。

大部分用户认为这款产品非常清爽、好吸收，可以维持皮肤状态稳定，能消除闭口，使用一段时间后皮肤会变得细腻。少数干性皮肤用户认为这款产品保湿力度不够，也有极少数用户反馈用后会搓泥，会刺激皮肤，这可能与个人对酵母类或者酒精类成分比较敏感有关。

总的来说，推荐偏油性皮肤的用户使用这款产品。

◎ 倩碧润肤乳 – 清爽型

参考价格： 340 元 /200mL

美丽修行评分： 4.39

◆ **美丽修行点评** --○

这款润肤乳有"天才黄油"的称号，主打功效是保持皮肤水油平衡。

这款产品是以保湿成分和硅油（聚硅氧烷）为主的清爽保湿乳液，不含矿物油，适合混合性至油性皮肤的人使用。它的保湿成分较为丰富，海藻糖、透明质酸钠、甘油、大麦提取物和聚硅氧烷等协同作用，构建了一个全面的保湿体系。除此之外，产品配方中还添加了一些功效成分，如抗氧化的虎杖根提取物、生育酚乙酸酯，调节皮肤菌群、帮助预防痘痘的乳酸杆菌发酵产物等。同时，它不含酒精和香料，也适合敏感性皮肤的人使用。

大部分用户反馈这款乳液比较清爽，延展性强，润而不油，更适合油性皮肤的人日常保湿使用。部分人上脸时会有微微发热的感觉，这可能是多元醇和防腐剂苯氧乙醇造成的。总体而言，对于很多敏感性和油性皮肤的人来说，这是一款值得信任的基础产品，可以作为打底产品与其他产品任意搭配。

◎ FAB 舒缓修护面霜

参考价格： 139 元 /56.7g

美丽修行评分： 4.41

◇ **美丽修行点评** ----------------------○

FAB 是 First Aid Beauty（急护美人）的缩写，是美国的年轻护肤品牌，品牌强调低刺激性、精选原料，提供针对干燥、长痘和衰老皮肤的产品解决方案。

这款修护霜使用牛油果树果脂（乳木果油）和角鲨烷来增加产品整体的滋润感和修护能力，还添加了有一定修护作用的神经酰胺。配方中的燕麦 β－葡聚糖可以维护表皮的稳定性，有很不错的舒缓修复效果；少量的尿囊素、小白菊提取物、光果甘草根提取物和蓝桉叶油也为这款面霜的舒缓能力增色不少。

这款面霜不含香精，质地厚重。综合用户反馈来看，它对干皮非常友好，特别适合在干燥的秋冬季节使用。部分用户反映使用时皮肤有灼热感，这可能是由防腐剂苯氧乙醇和辛甘醇导致的。

总体而言，这款面霜对受损皮肤屏障的舒缓和修复能力很出色，是一款高性价比的产品。

◎ 露得清维 A 醇健康养肤晚霜

参考价格: 139 元 /40g

美丽修行评分: 4.48

◇ **美丽修行点评** - ○

　　露得清是隶属于强生集团的护肤品牌。这款晚霜是一款口碑比较好的入门级抗初老产品,功效简洁明了,就是保湿和抗氧化。

　　这款晚霜的保湿成分搭配较合理,是常见的甘油、丁二醇。产品中添加的视黄醇(维生素 A)有调节皮肤角质代谢、抗衰老等作用。但视黄醇有光敏性,在日光下容易降解,因此不难理解为什么这款产品的定位为晚霜。需注意的是,视黄醇有一定的刺激性,对孕妇可能有一定的安全风险。

　　喜爱这款晚霜的用户普遍觉得该产品延展性很好,涂抹后吸收很快,皮肤也感觉比较清爽,长期使用能降低皮肤粗糙度,使皮肤柔嫩,还能淡化细纹。少数用户一开始使用时会有起皮、泛红现象,所以前期可以隔天使用,逐渐建立耐受性后再增加使用频率。敏感肌用户使用时需谨慎。

◎ 珂润润浸保湿滋养乳霜

参考价格： 188 元 /40g

美丽修行评分： 4.47

◇ 美丽修行点评 --------------------------------○

这款乳霜在修复界一直很有名气，是平价面霜中十分亮眼的一款产品，被称为"平价保湿之王"。

这款乳霜专为干性敏感肌人群研制，配方整体呈弱酸性，无色素、酒精、香精。其中的蓝桉叶提取物配合尿囊素可以起到镇静舒缓的作用；神经酰胺类似物和角鲨烷能增强皮肤屏障功能，提升皮肤保水力。

由于配方中加入了挥发性环状硅氧烷，因此产品的肤感非常清爽。大部分用户反馈这款乳霜质地水润，滋润度很好，但是并不油腻。皮肤敏感、脆弱、有红血丝的用户对它比较满意。油性皮肤用户在夏季使用会略感油腻，偏干性皮肤用户在十分寒冷干燥的季节使用感觉滋润度不够、持续保湿能力不足。其他季节各类型肤质用户均可正常使用。

◎ 薇诺娜舒敏保湿特护霜

参考价格: 268 元 /50g

美丽修行评分: 4.47

◇ **美丽修行点评** ----------------------------------o

　　这款产品是薇诺娜的明星产品,外号"小药精"。它的主打成分是青刺果油(扁桃木油),能提供大量的不饱和脂肪酸,有效参与皮肤的修复过程。马齿苋提取物和 β－葡聚糖等成分搭配也能有效地舒缓皮肤、缓解炎症。它不含香精、色素、酒精,适合干性至混合性皮肤的人使用,敏感性皮肤的人也可以放心使用。

　　这款产品虽然叫霜,但并不像其他修复产品一样给人厚重的感觉。实际上,用户反馈最多的是它的清爽。它有轻微的中草药味,肤感轻盈柔润,油皮用户也不会觉得黏腻、难吸收,长期使用可缓解皮肤泛红现象。虽宣称"专为高敏感肌肤特别设计",但其本身还是护肤品,如皮肤问题严重,还需及时就医。

　　虽然它采用了温和的防腐体系,不过多元醇的组合可能会使小部分人上脸时有轻微的灼热感,建议初次使用时要先在耳后测试。

◎ 理肤泉特安舒缓修护乳

　　参考价格： 285 元 /40mL

　　美丽修行评分： 4.12

◇ **美丽修行点评** - ○

　　理肤泉最早只是--个研究皮肤问题的实验室，后来于 1989 年被欧莱雅集团收入旗下。其产品以配方精简著称，力求最大程度减少过敏原，"特安"系列就是品牌针对敏感性皮肤人群研发的产品线。

　　这款乳液是为低耐受性皮肤设计的，所用的 16 种成分都是低致敏性的，且无酒精、香精和防腐剂。它采用水包油体系，内含活性保湿因子，可舒缓、滋润并有效保护耐受性差的肌肤。此外，产品中还添加了能修复皮肤屏障的角鲨烷、乙酰基二肽 -1 鲸蜡酯，以及具有保湿、修复作用的牛油果树果脂、硅油和多元醇。

　　很多用户觉得这款产品刚涂抹时略有些油腻，需要多按摩来促进吸收。它的维稳效果优秀，能有效缓解皮肤敏感、泛红的问题。它的配方温和不刺激，照顾到了敏感肌的需求，非常适合敏感肌人群使用，对泛红、神经性刺痛等不适症状有较好的舒缓效果，干性敏感肌和刷酸的小伙伴也可用它来保湿、修复。

◎ 海蓝之谜经典精华面霜

参考价格: 2800 元 /60mL

美丽修行评分: 4.45

◇ **美丽修行点评** - ○

　　雅诗兰黛旗下的贵妇品牌海蓝之谜自从问世以来，便拥有无数的追捧者。海蓝之谜面霜也是众多人的最爱。

　　这款面霜的配方以矿物油融合一系列植物油为基底，还加入了微晶蜡、石蜡、羊毛脂醇等封闭性油脂，配合高含量的维生素成分，使得面霜在具有极高的滋润度的同时还有抗氧化、保湿等多重功效。其配方中的复合矿物质成分可增强皮肤免疫力并修护受损肌肤，海藻精华则能起到促进肌肤修复和促进肌肤新陈代谢的作用。

　　这款精华面霜香味高级，质地比较厚重，需要利用手心的温度乳化后再涂于面部。由于面霜整体封闭性较强，部分用户，特别是油性皮肤用户使用后会出现闷痘和长闭口的情况。综合来看，这款产品更能得到干皮用户的青睐，油皮用户使用起来可能略感油腻，可尝试它的乳霜版本。

眼部护理产品榜单

◎ The Ordinary5% 咖啡因＋茶多酚眼部精华液

参考价格： 79 元 /30mL

美丽修行评分： 4.45

◇ 美丽修行点评 ------------------------------○

　　The Ordinary 一直主打高浓度低价格，就连眼部精华也不例外。这款眼部精华含 5% 咖啡因和茶多酚，是一款针对黑眼圈和眼周水肿设计的精华，尤其适合疲劳用眼引起的水肿和血液循环不畅导致的黑眼圈。

　　这款产品有淡淡的咖啡香味，虽然它主要是针对黑眼圈和眼周水肿设计的，但全脸使用也是可以的，同样有消水肿的效果，还能改善痘印。但切记要避开正在长痘的地方。

　　它对改善黑眼圈和消除眼部水肿还是有一定功效的。用户普遍表示它的肤感很好，不油腻，消水肿效果也很好。也有部分用户表示它改善黑眼圈的效果不明显，用后倒是睫毛会变长。

　　总体来说，这是一款性价比比较高的产品，还是比较值得入手的。

◎ 斯维诗摩洛哥坚果抗老化眼霜

参考价格: 79 元 /15mL

美丽修行评分: 4.00

◇ **美丽修行点评** - ○

一提到斯维诗（Swisse），很多人首先想到的是保健品，但是其实斯维诗也做护肤品，这款眼霜就是一款很受欢迎的产品。

这款产品用甘油作为主要溶剂，其主要成分库拉索芦荟叶提取物、葡萄籽油和刺阿干树仁油在滋润保湿的同时，还具有一定的抗氧化作用。其所含的维生素 K_2 能在一定程度上改善由熬夜引起的黑眼圈。它没有添加任何香精香料，味道很清淡。亲民的价格加上含有多种有效成分，成就了这款性价比很高的产品。

大部分用户反映这款眼霜可以改善黑眼圈、淡化细纹，有抗初老的功效。部分油性皮肤用户反馈使用时可能要多加按摩才能更快吸收。不过也有部分用户反映它"无功无过"。虽然含有咖啡因成分，但是它在消水肿方面的效果还是会差一点。

◎ 芳珂细致修护眼霜

参考价格： 210 元 /8g

美丽修行评分： 4.25

◇ 美丽修行点评 --------------------------------○

　　这款眼霜中保湿滋润的成分比较多，有轻质的挥发性硅油、澳洲坚果籽油，还有与皮肤相容性比较好的（神经）鞘脂类、角鲨烷等。此外，它还含有库拉索芦荟、香豌豆、欧锦葵、迷迭香、野大豆等多种植物的提取物。这些成分具有保湿、抗氧化等功效，能综合调理眼部肌肤，还能促进成纤维细胞的生长，从而实现修复、抗衰作用。它不含防腐剂、香精和色素，是一款非常温和的眼霜。

　　这款眼霜比较滋润，也比较好吸收，可以预防由眼部干涩引起的细纹和干纹。大多数用户反馈产品比较温和，有一定的去细纹作用。少数用户反馈它有一定消除眼部水肿和改善黑眼圈的效果。也有极少数用户反馈使用后没什么效果。

　　总而言之，这是一款比较滋润和温和的眼霜，适合敏感肌人群、孕妇和眼部干涩的朋友使用。

◎ 菲洛嘉晴采靓丽眼霜

参考价格： 415 元 /15mL

美丽修行评分： 4.43

◇ **美丽修行点评** - ○

菲洛嘉（FILORGA）是拥有医药背景的法国药妆品牌，在国内还比较冷门，但是不少欧美明星都是它的粉丝。主打抗衰的菲洛嘉拥有不少专利成分。

这款眼霜有 90 种成分，堪称活性成分大全。其成分看似复杂，其实有50 种成分都用来组成一种叫作 NCEF 的专利复合物。NCEF 以氨基酸和寡肽类的活性成分为主，具有一定的抗衰老功效，搭配天然保湿因子，能让肌肤保持水润。

这款眼霜肤感清爽不油腻，易吸收，涂上后眼周会有温热的感觉。很多用户反馈其消水肿和淡化细纹的效果都不错。也有部分用户反馈它对干皮不够友好，冬天使用会拔干，后续上妆容易搓泥。

总体说来，这款眼霜保湿力中等，大多数肤质的人都能使用，性价比也很高，是一款针对初老问题的平价眼霜。

◎ 雅诗兰黛特润修护精华眼霜

参考价格： 530 元 /15mL

美丽修行评分： 4.38

◇ **美丽修行点评** ---○

　　作为美国雅诗兰黛集团旗下的化妆品旗舰产品，小棕瓶系列是雅诗兰黛的经典之作。外号"小棕瓶眼霜"的它是这个系列的经典产品之一，销量一直稳居该品类全球前三名。

　　它的配方体系沿袭了小棕瓶系列的特色，以二裂酵母发酵产物溶胞产物为主打成分，有抗炎和抵抗紫外线损伤的功效。其升级版新加入了有抗蓝光功效的 Chronolux CB™ 这个专利成分。生活中，手机、电脑等电子产品的屏幕都能辐射蓝光。蓝光的穿透力比较强，可以抵达皮肤的真皮层，造成自由基大量释放，加速肌肤的衰老。

　　大多数用户反馈它特别滋润、好吸收，对付轻微细纹的效果很不错，消除眼部水肿的效果也比较好。但是也有少数用户反馈它对黑眼圈的效果微乎其微，价格也不算亲民。

　　虽然这款眼霜价位偏高，但是总体说来，它还是一款值得入手的眼部修复产品。

◎ 资生堂百优丰盈提拉紧致眼霜

参考价格： 590 元 /15mL

美丽修行评分： 4.45

◇ 美丽修行点评 ---------------------------------○

　　作为日本最大的化妆品生产公司，资生堂家族的产品线可以说是多到数不清，实力方面不容置疑。经常用资生堂的用户对百优系列一定不陌生。百优系列里这款外号"小钢炮"的眼霜一直都是断货王，它号称是最温和的功效性眼霜。

　　这款产品以视黄醇乙酸酯为主要成分，复配了许多具有抗氧化、抗炎作用的植物提取物，在抗衰老、修复、缓解细纹方面都很在行。视黄醇乙酸酯是一种维生素 A 衍生物，但比维生素 A 更加温和。

　　很多用户表示这款眼霜用起来不油腻、好推开，去细纹、去水肿的效果都很好。也有油皮用户表示它质地厚重，用了之后眼周容易长脂肪粒（其实长脂肪粒与眼霜本身并没有太大的关系）。

　　总的说来，这款眼霜比较适合经常熬夜的干皮用户和熟龄肌用户使用，使用时搭配专业的按摩手法，可以将眼霜的功效发挥得更好。由于产品的滋润度比较高，油皮用户冬天使用它可能比较合适。

◎ 肌肤之钥紧致抚纹精华眼霜

参考价格： 1980 元 /15mL

美丽修行评分： 4.46

◇ 美丽修行点评 - ○

肌肤之钥（CPB）创立于 1982 年，是日本资生堂旗下的高端化妆品品牌。它致力于为女性带来精致的护肤体验，在化妆品界有着非常高的知名度和良好的口碑。

这款眼霜的核心成分是白尾鸢尾花精华（香根鸢尾根提取物），它可以延缓肌肤氧化速度，修护眼部肌肤，令眼部肌肤更显充盈。视黄醇乙酸酯、视黄醇棕榈酸酯的加入，能在一定程度上淡化眼部细纹。而配方中的甲氧基水杨酸钾（MSK）不仅可以促进黑色素的代谢，更能在一定程度上抑制黑色素生成，有助于提亮眼部肌肤。

很多用户反馈该产品的新款比老款延展性更佳，更滋润但又不油腻，肤感很舒适。

◎ 佑天兰奢璞俐莎面膜（双效玻尿酸）

参考价格： 59 元 /3 片

美丽修行评分： 4.23

◇ **美丽修行点评** - ○

　　佑天兰（utena）算得上是日本的畅销面膜品牌。这款面膜又称"黄金果冻"面膜，精华液质地是黏稠的金色凝胶。其面膜纸的设计十分人性化，切口的地方能很好地与面部贴合。透薄的面膜纸和淡淡的香味为它加分不少。

　　这款面膜精华液很多，含有双重透明质酸成分（水解透明质酸、透明质酸钠）。它以多元醇、PCA 钠（吡咯烷酮羧酸钠）、海藻糖为主要保湿体系，复配多种氨基酸类保湿剂，用完后皮肤会很水润，在干燥的冬天感受会更加明显。它没有额外添加香精，成分的安全性比较好，敏感肌也无须担心。大部分用户反馈它的使用感很好。但有少数人反映面膜的精华液质地过于黏稠，不好吸收，对油皮不是很友好。

　　总的来说，这是一款具备优良配方和良好口碑的面膜。

◎ AA Skincare 薄荷海盐清洁面膜

参考价格： 99元/100mL

美丽修行评分： 4.45

◇ **美丽修行点评** -○

　　AA Skincare又称"英国AA网"，是英国的天然芳香美肤品牌。这款薄荷海盐深层清洁面膜可以说是清洁面膜界的"老网红"。

　　这款面膜使用常见的膨润土、高岭土等成分来吸附肌肤上的污垢和油脂，添加了可以清洁皮肤表面油污的椰油基葡糖苷，还添加了能镇定、安抚肌肤的薄荷叶油等活性成分。面膜清凉感十足，适合夏天使用。

　　大多数用户表示它就像奶油一样很好推开，清洁力也不错，用完后皮肤表面会有肉眼可见的脏东西浮出。因为它是清洁面膜，对敏感肌来说可能会有一些刺激。有用户觉得面膜难清洗，其实可以通过手捧清水按压脸部再打圈按摩的方式来加速面膜的溶解。用完清洁面膜的后续保养同样很重要，建议通过补水面膜来收敛毛孔。

　　综合分析下来，这是一款适合油性皮肤的清洁面膜，"科颜氏白泥平价替代品"的名号也代表了大家对它的认可。

◎ 漫丹倍丽颜贴片面膜　醇润保湿

参考价格： 79 元 /5 片

美丽修行评分： 4.04

◇ **美丽修行点评** - ○

　　漫丹（mandom）面膜是许多人最早接触的日系面膜。这款面膜很火，经常出现在各大面膜榜上。保湿剂透明质酸、聚季铵盐 −51、双丙甘醇、丁二醇和甘油与封闭性润肤剂角鲨烷等的搭配，让这款产品拥有十足的保湿力，解决肌肤干燥问题不在话下。

　　大多数用户反映它的使用感很好，敷在脸上冰冰凉凉的，清爽又舒服，保湿又服帖。优秀的性价比也让这款面膜成为不少人的日常必备款。有一些用户反映用完会过敏，这可能是面膜中微量的酒精（不足 1%）造成的灼热现象。日系的面膜添加微量酒精是普遍现象，重度敏感肌用户建议选择其他无酒精的面膜产品。

　　从配方和实际使用感来看，这款产品更适合中性、干性皮肤的人用于日常保湿。

◎ 蜜浓氨基酸滋润保湿锁水防御修护凝胶面膜

参考价格： 120元/4片

美丽修行评分： 4.46

◇ 美丽修行点评 - ○

　　蜜浓（MINON）是日本第一三共集团旗下的护肤品牌，这款氨基酸保湿面膜被众多美容达人推荐。这款面膜无香料，无酒精，不含防腐剂，官方宣称敏感肌可放心使用。它以多种氨基酸、PCA钠、透明质酸钠、生育酚（维生素E）等为主要成分，优秀的保湿成分搭配抗氧化成分，使得它深受人们的喜爱。

　　这款面膜纸的材质不错，能紧密贴合面部，不会轻易掉落。面膜的精华液很多，质地像透明的乳液，又像啫喱，清爽又好吸收。多数用户反映其保湿效果很好，用后不会拔干，后续上妆也很服帖。有少数用户反映敷完容易满脸油光，所以这款面膜不是很适合油性皮肤。

　　总的来说，这款面膜利用各种氨基酸作为皮肤调理剂，是非常温和且有效的，适合用来缓解换季敏感期的不适，敏感肌的朋友可以放心使用。

◎ papa recipe 春雨黄蜂蜜倍润面膜

参考价格： 94 元 /6 片

美丽修行评分： 4.36

◆ 美丽修行点评

papa recipe 来自韩国，是创始人春雨爸爸为女儿创立的化妆品品牌。春雨蜂蜜系列面膜是近年来很热门的面膜，也是该品牌的起家面膜。它轻薄的面膜纸、清甜的味道和亲民的价格都十分讨喜。

这款面膜的成分沿袭了韩式一贯的清新风格，含有银耳提取物、透明质酸等。其主打成分蜂蜜和蜂胶提取物有助于调理并修复受损肌肤。此外，产品使用具有抑菌作用的己二醇和辛甘醇作为防腐剂，降低了刺激性。

较高的安全性让它有了不少拥护者。不少用户表示这款面膜能舒缓肌肤，有维稳作用，保湿力持久，面膜纸的剪裁也适合亚洲人脸型、贴合度高。但也有用户吐槽这款面膜蜂蜜的味道浓烈。还有用户说面膜在使用过程中不易敷平整、易扯破，精华液容易流淌下来，这是面膜纸较薄的缘故。

总的来说，这是一款适用于多种肤质的面膜。

◎ 创尔美胶原多效修护面膜

参考价格： 145元/5片

美丽修行评分： 4.46

◇ **美丽修行点评** ------------------------------------○

创尔美是创尔生物旗下品牌。市面上流行的医用面膜不在少数，创尔美胶原多效修护面膜一直是口碑不错的一款。它的成分非常简单，只添加了水和胶原蛋白，没有防腐剂，这一点可以说是痘痘肌和敏感肌的福音。同类产品的价格通常都不低，但是这款面膜的价格非常亲民。

大多数用户反映它补水效果很好，对换季时的肌肤过敏、红肿都有不错的缓解作用，也能起到修复受损皮肤屏障的作用。也有少数用户反映其面膜纸偏厚且粗糙，精华液不够多，用时容易干在脸上，特别是在空调房中使用时。

总的来说，这是一款适合做完医美项目后修复肌肤用的急救面膜，面部敏感和爆痘的时候也可以拿来镇定和修复肌肤。值得注意的是，这款面膜要求在30℃以下的环境中保存，夏天需要放在冰箱中冷藏保存。

◎ 科颜氏亚马逊白泥清洁面膜

参考价格: 315 元 /125mL

美丽修行评分: 4.43

◇ **美丽修行点评** ─────────────────○

　　名声响亮的"白泥面膜"是科颜氏家的明星产品,它清洁毛孔、平衡油脂分泌的效果十分出色,暂时收缩毛孔的效果也很让人惊喜。膨润土、高岭土、玉米淀粉三大天然成分的组合能有效吸油,所以这款面膜相对来说比较适合中性和油性皮肤的人。

　　大部分用户都反馈这款面膜清洁力不错,用完后毛孔里的脏东西看起来少了很多。将它拿来厚敷的效果会更好,洗掉膏体后,黑头和白头会浮出来,皮肤看起来会比之前干净很多。有少部分用户反映膏体上脸会有刺痛感,所以不太建议敏感性皮肤的人使用。

　　需要注意的是,肌肤清洁需要适度,清洁面膜不需要天天用,也不要因为怕浪费而敷到膏体干裂才洗掉。要牢记一点:不要过度清洁,维稳才是最重要的。

防晒产品榜单

◎ 新碧水薄清爽防晒露 SPF30

参考价格： 59 元 /80g

美丽修行评分： 4.27

◇ **美丽修行点评** - ○

曼秀雷敦的防晒产品有很多，其中比较经典的就是这一款新碧水薄清爽防晒露，它的防晒指数是 SPF30、PA+++，可以同时阻挡 UVA 和 UVB，提供全波段的保护。

这款防晒露质地较为水润、轻薄，延展性极佳，好涂开，涂抹后能在面部形成一层薄薄的保湿膜。它以甲氧基肉桂酸乙基己酯和二乙氨羟苯甲酰基苯甲酸己酯为主要防晒剂。良好的成膜技术和抗氧化剂的添加为这款产品的防晒效果增色不少。这款防晒露在护肤方面也有亮点，其中添加了双重透明质酸钠、水解胶原、泛醇等一些水溶性的保湿剂，防晒的同时也能让肌肤保持水润。此外，它不含香料、酒精等刺激性原料。

对干皮用户来说，这款产品的保湿效果比较好。也有用户反映它成膜速度比较慢，涂了后脸上会有油光，防水性一般。

综合来看，这是一款优秀的防晒露，性价比高，成分温和，能提供全波段的保护，可以满足日常通勤的防晒需求。

◎ 安妍科清透养肤三重防晒乳 SPF45

参考价格： 376 元 /85g

美丽修行评分： 4.44

◇ 美丽修行点评 --○

说起安妍科（Elta MD），大部分人首先想到的是洁面产品，其实安妍科的防晒产品也是比较出色的。这款产品的成分表中排名第一位的就是氧化锌。氧化锌除了发挥防晒剂的作用，还有抗菌和抗炎的作用，是非常安全有效的成分。由于氧化锌不溶于水，加上产品有较好的防水体系，因此这款防晒产品的防水性比较好。

除了氧化锌，它的配方中也有化学防晒剂甲氧基肉桂酸乙基己酯，这一成分主要防护 UVB。两种成分共同作用，可以防止皮肤晒红、晒伤。由于氧化锌的添加量较多，有些用户会觉得涂上后脸上有轻微泛白现象。

虽然这款产品有 SPF45 的防晒系数，但是氧化锌能防护的最大紫外线波长为 370nm 左右，因此，这款产品对波长 370 ~ 400nm 的 UVA 几乎没有防护效果。由于 UVA 能够穿透到真皮层，对皮肤有明显的晒黑作用，还能加速皮肤老化，因此不建议在紫外线强烈时使用这款防晒产品，但是日常通勤使用是可以的。

◎ 怡思丁多维光护沁融水感防晒液

参考价格： 159 元 /50mL

美丽修行评分： 4.38

◇ **美丽修行点评** ------------------------------------○

怡思丁是西班牙品牌。日系防晒产品多是涂改液质地，常见的欧美系防晒产品则多是厚重的霜状。而怡思丁这款防晒产品号称"水做的防晒"，质地轻薄，延展性好，成膜速度快，涂抹后肤感清爽自然、不拔干。

这款防晒液含有奥克立林、阿伏苯宗（丁基甲氧基二苯甲酰基甲烷），这些都是比较常见的防晒剂。产品中还添加了生育酚（维生素 E）、抗坏血酸（维生素 C）及其衍生物，这种抗氧化剂加美白剂的组合可以预防防晒剂引起的皮肤暗沉。另外，产品中没有添加有致痘风险的成分和酒精。

这款防晒液的持久性不算长。由于它是水包油型的配方，因此肤感非常清爽，但是抗水性和防水性相对较差。大部分用户反馈它质地比较轻薄，成膜速度快，但是部分油性皮肤用户反映涂上会有一些油腻感。

总的来说，这款防晒液肤感不错，防晒力度较弱，比较适合日常通勤使用，使用时需要勤加补涂。油皮、干皮的朋友都可以使用这款产品。

◎ 苏菲娜透美颜饱水控油双效日间倍护防护乳液（混合肌适用）

参考价格： 159 元 /30mL

美丽修行评分： 4.45

◇ **美丽修行点评** ------------------------------------○

　　这款防护乳小名叫"白蕾丝防晒"，是苏菲娜入门级的防晒产品。它采用了典型的日系"摇摇乐"设计，使用前需要摇匀。

　　这是一款物化结合的防晒产品，使用氧化锌和甲氧基肉桂酸乙基己酯作为防晒剂，可以同时阻挡 UVA 和 UVB，实现全波段防晒。产品中还添加了神经酰胺类似物以及高保湿成分甘油、丁二醇，有一定的保湿舒缓作用。此外，它还含有迷迭香叶提取物、蓝桉叶提取物等抗痘成分。这款产品质地水润，流动性非常好，容易推开，还有轻微的润色提亮作用，成膜后会与肤色相融。

　　部分用户反映这款防晒乳使用起来皮肤会有紧绷感，如果肤质偏干，涂抹之前一定要做好保湿工作，否则可能会起皮、卡粉。大部分油性皮肤用户觉得它控油能力不错，上脸干爽、不泛油光。

　　总的来看，"白蕾丝"比较适合日常通勤使用，更适合年轻的油性皮肤用户。

◎ 安热沙水能户外清透防晒乳

参考价格： 298 元 /60mL

美丽修行评分： 4.41

◇ **美丽修行点评** - ○

在经久不衰的防晒产品中，安热沙的这款产品是永远拥有一席之地的。

这款产品一直都这么火跟它强大的防晒力是分不开的。这款防晒乳是物化结合的配方，防晒指数达到 SPF50+、PA++++，能够防护高强度的紫外线。其物理防晒剂用的是氧化锌和二氧化钛。另外，这款防晒乳采用 Aqua Booster EX 技术（升级版水能防晒技术），可以与水和汗中的矿物元素结合，使得防晒膜更加均匀、平滑，牢固地贴在肌肤之上。

虽然它的防晒力强大，但是后续的清洁并不会很困难，使用普通的卸妆产品即可卸除。部分用户反映这款防晒乳能修饰肤色，但是也不会让人觉得过度泛白。综合来说，面部防晒还是很推荐这款产品，即便出了汗，它的防晒效果也不会受到影响。

◎ Topix Replenix 清透物理防晒霜

参考价格： 200 元 /60mL

美丽修行评分： 3.88

◇ **美丽修行点评** - ○

Topix Replenix 是美国的一个药妆品牌，因为整个品牌的主打成分是茶多酚，所以也被称作"绿茶抗氧化品牌"。

这款产品属于广谱防晒霜。它添加了 13.75% 的微粒化氧化锌，因为采用了微粒化工艺，所以上脸后不会出现泛白的情况。它还有一大亮点是添加了多种抗氧化剂，如抗坏血酸（维生素 C）、茶多酚、白藜芦醇、生育酚乙酸酯、视黄醇棕榈酸酯等，这样不仅能弥补单一防晒剂防护力不足的问题，还能改善由紫外线引起的自由基增多的问题。

它的膏体偏黄灰色，质地略黏稠，但很好推开，而且用后不拔干。这款产品在脸上完全成膜后，脸摸起来会比较平滑，叠加使用后续的产品时大多不会产生搓泥现象。

大部分用户对这款防晒霜的评价比较好，但也有部分油皮用户觉得它的肤感偏油，还有部分敏感肌用户会对其中的一些功效成分不耐受。

总体来说，这是一款有不错的抗氧化效果的防晒霜，适合日常通勤使用。

◎ 资生堂新艳阳夏臻效水动力防晒乳

参考价格： 380 元 /50mL

美丽修行评分： 4.47

◇ **美丽修行点评** - ○

　　这款就是资生堂家的"蓝胖子"，现在的版本在老版的基础上增强了防水、防汗效果。它是涂改液质地，易推开、好吸收，肤感清爽不油腻。

　　这款防晒乳采用物化结合的配方，防晒剂主要是甲氧基肉桂酸乙基己酯、奥克立林和二氧化钛，能同时防护 UVA 和 UVB，正确使用可以有效防止皮肤被晒黑和晒伤。产品采用了"遇水增强"的"黑科技"，还添加了聚硅氧烷类的成膜剂，因此具有很强的防水能力。

　　大部分用户反馈它涂在脸上比较容易推开，延展性较好。由于添加了浓度不算低的酒精，所以酒精过敏的人或者敏感肌人群应谨慎选择。也有些用户反馈它成膜后皮肤略感油腻，会有闷痘现象，并且不易清洗，最好在洁面前先卸妆。还有用户认为油皮用户会更加青睐这款产品。因为它成膜较快、控油效果较好、防晒能力强，所以比较适合出门旅游、军训等需要高强度防晒的场合使用。

洗发护发产品榜单

◎ 馥绿德雅赋活焕能洗发露

参考价格： 158 元 /200ml

美丽修行评分： 4.29

◇ 美丽修行点评 ----------------------○

　　馥绿德雅来自法国，是皮尔法伯（PIERRE FABRE）制药集团的头发护理品牌，擅长头皮养护，已经有 50 多年的历史。其产品最大的特点就是含有植物提取物。这款"小绿珠"洗发露就是馥绿德雅的明星产品。

　　这款洗发露添加了薰衣草油和迷迭香叶油，精油是包裹在小绿珠中的。洗发时轻轻将洗发露揉开，小绿珠就会破裂，释放出精油。这款洗发露不含硅油，主打控油、强发，使用后头发会有蓬松感。除了功效，香氛也是馥绿德雅较为注重的，这款产品的柑橘香也能带来愉悦的使用感。

　　这款产品使用后的干涩感经常被用户提及，尤其是细软发质的用户，这种发质的人可能要注意。油性发质的用户对这款产品的反馈普遍较好，认为产品能够很好地洗净头皮，洗完头皮感觉清爽舒适。这款产品可以维护头皮状态稳定，不喜欢洗后干涩感的朋友，可以在洗发后使用护发精油。

◎ 植观矢车菊清爽控油系列氨基酸洗发水

参考价格： 79.9 元 /251g

美丽修行评分： 4.34

◇ **美丽修行点评** --------------------------------------○

植观是国内新兴的个人护理品牌，主营绿色、健康、环保的植物氨基酸洗护发产品，近些年来口碑一直不错。

这款洗发水含有矢车菊提取物，具有不错的抗敏、抗炎效果。它选用了三种比较温和的清洁剂，清洁力适中，不会导致头皮过度脱脂。配方中精氨酸的应用非常巧妙，既可以调节 pH，又可以调理和滋养头皮、发丝。此外，它使用了更加温和的水溶性油脂（PEG-7 甘油椰油酸酯）来代替硅油，以保证头发的柔顺。总体来说，这款洗发水的成分都比较温和。

以往的氨基酸洗发水都有泡沫不多的问题，但这款产品中添加了多种增泡剂，可以快速打出细腻的泡沫。产品中还添加了清凉剂薄荷醇，非常适合夏天使用。值得一提的是，他们的设计非常用心，不仅使用了环保的塑料瓶，新包装的瓶身上还印了盲文。

大部分用户表示在众多控油洗发水中，这款产品的性价比比较高，使用感也比较好。因为这款产品主要针对油性发质，所以也有部分用户表示用完后头皮会痒，去屑效果不行，可能是因为他们本身头皮较干，洗发水中的去油成分又使他们的头皮变得更加干燥。

总的来说，这款洗发水在控油和使用感上都做得不错，成分也比较温和，更加适合油性发质的人使用。

◎ 蜂花营养护发素

参考价格： 15 元 /450mL

美丽修行评分： 4.27

◇ **美丽修行点评** - ○

　　蜂花是一个有三十多年历史的国产护发品牌，以超高性价比牢牢抓住了普通消费者。蜂花最为大众所熟知的就要属这款含小麦蛋白的护发素了，无数用户的口碑支撑起它数十年经久不衰的销量。

　　水解小麦蛋白具有保湿、抗氧化作用，能够滋润头皮及发丝。此外，产品中还含有调理剂水解明胶，它有优良的渗透能力，能够加速营养成分的吸收，增强头发的韧性，使秀发润泽亮丽。

　　大多数用户反馈长期使用这款护发素后，发尾分叉、发丝毛躁等问题得到明显改善。有用户总结了能更好地发挥这款护发素作用的使用方法：先用粗齿梳将发尾梳顺，在干发状态时直接在发尾10～20cm处厚涂护发素，然后用浴帽把头发包起来，10～15分钟后将护发素冲洗干净，接着再进行日常的洗头步骤。此方法较适合受损、毛躁发质及发干、发硬的发质。

　　这款护发素的包装设计从面世至今几乎没有变过，风格十分朴实，价格也很亲民。在日化产品市场竞争如此激烈的情况下，它仍然能够占得一席之地。作为一个历史悠久的上海老品牌，蜂花承载的不仅是时代的记忆，也是用户多年来的信赖。

◎ 资生堂 fino 高效渗透护发膜

参考价格： 60 元 /230g

美丽修行评分： 4.45

◇ 美丽修行点评 ------------------------------------○

资生堂的这款发膜也是一款非常经典的产品，它呈米黄色膏状质地，带有淡淡的果香味。

它含有蜂王浆提取物、海藻糖和角鲨烷，三者协同作用能锁水保湿，帮助头发恢复柔亮光泽。其所含的吡咯烷酮羧酸（PCA）作为人体天然保湿因子的重要成分之一，能帮助头发恢复弹力与光泽，再搭配上谷氨酸，可以长效护色。产品中还添加了许多抗静电的成分，这些成分能在发丝上成膜，让头发光滑不毛躁。

这款发膜口碑不错。有用户反馈平时将它当作护发素用也能有较好的效果，如果用作发膜，在头发半干状态下使用并加热 15 分钟效果更佳。大部分用户使用后头发明显变得顺滑了，尤其是头发打结的情况有了很大改善。然而对于一部分头发受损更为严重的用户来说，其功效可能会有一定的即时性，不能长时间维持。

总体来说，对于干枯发质或者烫染后头发有轻微受损现象的朋友来说，这款发膜还是能满足其日常的头发护理需求的。

◎ 潘婷 3 分钟奇迹护发素　多效损伤修护

参考价格： 65 元 /180mL

美丽修行评分： 4.31

◆ **美丽修行点评** - ○

　　潘婷是宝洁公司旗下的知名洗护品牌，品牌鼓励女性追求独立，在内心、精神层面都释放出真我。3 分钟奇迹护发素作为潘婷炙手可热的单品，一经问世就有着居高不下的销量。

　　产品中的泛醇具有强效保湿效果，有助于修护由外界因素导致的发丝损伤；硬脂醇能够强韧发丝，由内而外增强经过烫发的头发的抗拉扯能力。配方中的组氨酸是一种营养性助剂，能增强其他成分的功效，还有强发固色的作用。

　　这款护发素是啫喱质地，延展性佳，丝滑不黏腻。大多数用户反馈这款护发素有浓郁的莓果香味，留香持久，使用后头发不假滑，发丝的滋润度和光泽度明显增加，到第二天头发也不会"炸毛"，更容易做发型。

　　值得一提的是，3 分钟奇迹护发素系列针对染烫损伤、发根油发尾干、漂染易掉色、严重毛躁分叉 4 种头发问题推出了 4 种款式，能满足不同发质用户的护发需求。

　　整体看来，这是一款有修护滋养功效的护发素，适合严重受损的发质。

◎ 欧莱雅奇焕润发精油

参考价格： 79元/100mL

美丽修行评分： 4.44

◇ **美丽修行点评** --○

　　这款润发精油出自大名鼎鼎的欧莱雅集团之手。它并不属于备受推崇的无硅油、无香精、无防腐剂产品，而是一款十分典型的硅油类护发产品。

　　但是，你大可不必谈"硅"变色。硅油是一位勤劳务实的"粉刷匠"，能填补头发毛鳞片间的空隙，顺便再刷层光滑且有光泽的保护膜，从而抚平毛糙，使头发更加柔顺飘逸、有光泽。这款润发精油还添加了多种植物提取物，如向日葵籽油、野大豆油、母菊花提取物等，给其滋养效果添砖增瓦。此外它还拥有淡雅迷人的芬芳，很多用户都觉得它味道好闻、不俗气。

　　包材方面，它采用了很有质感的玻璃瓶，按压泵头的设计使精油取用起来既卫生又方便。它的使用方法也很简单：洗发后，将头发吹到七八成干后涂抹，或者在干发状态下直接涂抹都是可以的。

　　值得一提的是，它有针对不同发质类型的款式（如针对干枯发质的、针对烫染受损发质的），很值得入手尝试。用户大多反馈每次使用完后头发变得顺滑、滋润而不油腻，发质改善效果明显。

◎ 卡诗新双重菁纯修护液

参考价格： 420 元 /100mL

美丽修行评分： 4.48

◇ 美丽修行点评 - ○

卡诗是欧莱雅集团旗下最高端的专业护发品牌，于 1964 年在巴黎诞生。1999 年，卡诗一来到中国就凭借特殊的品牌价值和奇妙的产品效益在护发领域独树一帜。

这款修护液是卡诗的经典精油产品，又被称为"神仙精油"。它属于主流的硅油类精油。产品中低分子量的环五聚二甲基硅氧烷易挥发，高分子量的则会留在头发上填补毛小皮，锁住水分。除了常规的硅油外，产品中还添加了许多天然油脂，比如有滋养与修护作用的刺阿干树仁油、能滋润发丝的玉米胚芽油、能让秀发更加亮泽的落瓣油茶籽油。

这款修护液是透明的，质地略微黏稠，但使用感是轻盈干爽的。旋转式的瓶口设计既方便又卫生，可以避免因为按错而弄得满手油的尴尬。

许多用户反馈它抚平毛躁的效果很好，能显著减轻头发之间的摩擦，使用后头发会变得柔顺有弹力，光泽度也有较为明显的提升。高级且有层次感的调香以及持久的留香时间也让它收获了许多好评。但因其价格较高，一些用户觉得它性价比一般。

总之，这是一款较为优秀的护发精油类产品，适合各种发质的人使用，属于各方面都还不错的全能型选手。

身体护理产品榜单

◎ 凡士林维他亮肤亮采修护润肤露

参考价格： 55元/200mL

美丽修行评分： 4.08

◇ **美丽修行点评** -○

　　作为一个老牌的护肤品牌，凡士林一直致力于干燥肌肤的保湿和修复。凡士林身体乳有好几款，用户讨论最多的就是粉色包装的这款，备案名称是凡士林维他亮肤亮采修护润肤露。这款美白身体乳拥有亲民的价格，在身体乳产品中算是非常经典的一款。

　　这款身体乳所含的矿脂（凡士林）有助于修复皮肤屏障，且封闭性强，可有效减缓水分的蒸发，发挥保湿作用。产品中还添加了纯度高达99%的烟酰胺，但是浓度不算高，美白效果也是因人而异。值得注意的是，烟酰胺不耐受人群要谨慎选择。

　　大部分用户反映这款身体乳轻薄好吸收。如果你只想要一款简单的保湿身体乳，这款也许是个不错的选择。此外，背部长痘的人应尽量避免使用质地厚重的身体乳，要选择自己的皮肤能接受的产品。

◎ 玉兰油烟酰胺身体乳

参考价格： 98 元 /350mL

美丽修行评分： 4.09

◇ **美丽修行点评** - ○

　　玉兰油（OLAY）是宝洁公司的实力美容类品牌，也是全球知名品牌。

　　这款产品中排名第三的成分就是烟酰胺，它可以抑制黑色素向表皮角质层的转运，加速细胞新陈代谢。产品中添加的牛油果树油含有丰富的维生素、甾醇和卵磷脂等，适合干燥、老化等问题性肌肤；产品中添加的维生素 E 衍生物（生育酚乙酸酯）具有抗氧化作用。

　　产品呈白色膏状，像冰激凌一样，质地略黏稠，但不厚重，吸收速度较快，保湿力优秀。很多用户喜爱这款产品是因为它的烟酰胺浓度较高，有一定提亮肤色的作用，价格还不高。用户普遍反馈它的香味比较浓郁，有人说是移动的香水，也有人觉得香味太重，这个因人而异。建议对香味敏感的人先试用再购买。

◎ 玉泽皮肤屏障修护身体乳

参考价格： 218 元 /280mL

美丽修行评分： 4.47

◇ 美丽修行点评 ⁃⁃⁃⁃⁃⁃⁃⁃⁃⁃⁃⁃⁃⁃⁃⁃⁃⁃⁃⁃⁃⁃⁃⁃⁃⁃⁃⁃○

玉泽的这款身体乳是上海家化和上海交通大学附属瑞金医院皮肤科联合研制的，亮点在于它采用了植物仿生脂质（PBS）技术，将多种植物油进行合理配比，模拟皮肤屏障的成分。

这款产品采用无香配方，质地水润，好吸收。从成分上来看：红花籽油有一定的美白抗衰效果；牛油果树果脂、油橄榄果油、鳄梨油等油脂成分有封闭作用，可以防止水分散失，滋润和修护干性皮肤受损的角质；扭刺仙人掌茎提取物和生育酚乙酸酯具有滋润皮肤的效果；尿囊素等成分能够提升皮肤屏障自身修护能力，增强皮肤屏障功能。

这款产品性价比很高，能很好地修护受损的皮肤屏障，适合敏感性皮肤和干性皮肤人群使用。但是仍然有部分用户反映用后会过敏，并且偏油性皮肤的用户可能感觉不太清爽。皮肤极其敏感的人建议在使用之前做敏感测试。

◎ 赛斯黛玛焕白身体乳

参考价格： 208 元 /400mL

美丽修行评分： 3.62

◇ **美丽修行点评** - ○

　　赛斯黛玛（sesderma）原本是一个小众的西班牙药妆品牌，这款身体乳经各路明星强势种草，如今也算是美白界的"网红"了，被无数粉丝称为"身体小灯泡"。

　　这款身体乳有两大核心美白成分：黄金浓度的烟酰胺（2.5%）和凝血酸。烟酰胺能抑制已经生成的黑色素的转移，加快角质细胞的代谢；凝血酸有抗炎调理作用，能减少因紫外线照射而形成的黑色素。这两样成分再搭配葡萄叶提取物、甘草亭酸，能在美白的各个阶段阻断黑色素。

　　这款身体乳的香味也受到了用户的称赞。它不是厚重的乳霜质地，流动性非常强，任何季节都可以使用，大部分油皮用户比较喜欢。有极干肤质的用户觉得它的保湿力不够。追求高保湿力的朋友，可以选择保湿度更高的产品。

　　总而言之，有身体保湿和美白需求的人可以尝试这款身体乳。但是身体的防晒还是要做好，这样才能从源头抑制黑色素的生成。

◎ 松山油脂天然柚子精华保湿身体乳液

参考价格: 129 元 /300mL

美丽修行评分: 4.23

◇ **美丽修行点评** - ○

　　松山油脂是日本的一个老牌护肤品牌,是做无添加肥皂起家的,也是日本有名的"无添加"品牌。其产品主打无人工香料、无色素、无矿物油的卖点,因此受到很多用户的喜欢。

　　产品淡淡的柚子香味来自柚子果皮中提取的精油。产品中的巴西棕榈树蜡和牛油果树果脂在保湿的同时也有柔嫩肌肤的作用,生育酚(维生素E)的加入在一定程度上提高了产品的抗氧化能力。值得一提的是,这款产品用乙基己基甘油和多元醇来代替常规防腐剂,既温和又保湿。

　　这款产品呈乳液质地,流动性强,易于吸收,用后皮肤感觉清爽不黏腻,使用感很好。用户反馈最多的是它的味道十分好闻。由于其成分温和简单,敏感肌人群和孕妇也可以放心使用。产品不足之处在于,它的保湿力在干燥的冬天可能不够,推荐在春夏季节使用。

◎ 适乐肤 SA 水杨酸身体乳液

参考价格： 199 元 /237mL

美丽修行评分： 4.25

◇ 美丽修行点评 - ○

适乐肤（CeraVe）是美国皮肤科医生参与研发的药妆品牌，以产品温和、无刺激为卖点，其生产的乳液、面霜和洁面产品能有效提高皮肤的抵抗能力和自我保护能力。

这款身体乳是一款比较小众的去角质身体乳。脂溶性的水杨酸能疏通被皮脂堵塞的毛孔，去除老化角质，使皮肤变得细嫩光滑。产品中的甘油、透明质酸等保湿成分能够滋润肌肤。除此之外，产品中还添加了神经酰胺、胆甾醇等修复成分，有助于增强皮肤屏障功能。

用户普遍反映这款身体乳质地轻盈、水润，很容易吸收，用后不油腻，有一定的去"鸡皮肤"效果，但保湿力不足，在干燥的季节无法满足滋润皮肤的需求。

总的来说，有"鸡皮肤"困扰的朋友可以尝试这款身体乳，但干皮用户后续需要叠加使用保湿类产品。

◎ 娇韵诗天然调和身体护理油

参考价格： 560 元 /100mL

美丽修行评分： 3.95

◇ 美丽修行点评 ----------------------------------○

　　娇韵诗成立于 1954 年，是法国美容界的知名品牌。这款身体护理油是娇韵诗当之无愧的明星产品。

　　这款身体护理油的配方非常精简，只含 4 种成分。其基础油欧洲榛籽油能改善肌肤干燥、敏感的问题，搭配的香叶天竺葵花油、迷迭香叶油、薄荷叶油三种植物精油中含丰富的维生素 A 和维生素 E，能起到紧致肌肤、增强肌肤弹性和韧性的功效，还有抗氧化、抗炎和舒缓镇静等作用。

　　使用这款产品最多的是准妈妈，她们会用它按摩腹部，来缓解因皮肤扩张导致的干痒，以及预防妊娠纹。大部分用户反馈它能有效预防和淡化伸展纹，使肌肤柔软顺滑、肤色均匀。不过鉴于该产品香味浓郁，精油添加比例不低，安全起见，建议准妈妈使用前先咨询医生。

唇部护理产品榜单

◎ 凡士林经典修护保湿润唇膏

参考价格: 24 元 /7g

美丽修行评分: 4.41

◇ **美丽修行点评** - ○

拥有 150 多年历史的凡士林品牌,一直致力于解决肌肤干燥的问题,其改善肌肤干燥的实力早已获得大众的认可。

这款唇膏是凡士林家的经典单品。它的膏体呈半透明的晶冻状,软硬适中,使用时需要用棉签或手指挖取。

产品的配方很简单,仅有 7 种成分。其中排在首位的自然是凡士林的当家成分——矿脂。矿脂性质稳定、安全,不会对唇部肌肤造成刺激,它能在嘴唇表面形成一层稳定、持久的保护膜,能有效隔绝空气和细菌,具有极佳的保湿效果。这个成分如果用在面部,部分油性皮肤的人可能会觉得闷,而唇部皮肤没有皮脂腺和汗腺,所以大部分人都可以使用。其主要功效成分是生育酚(维生素 E),在起到一定抗氧化作用的同时也能进一步滋润唇部肌肤。

这个产品被众多用户誉为"干唇救星"。许多用户反馈它很滋润、保湿效果好，能有效软化唇部死皮，使用后唇纹变淡。但也有少部分用户并不喜欢它厚重黏腻的质地，觉得用后有"糊嘴"感。

精简的配方、出色的保湿能力让凡士林的这款唇膏成为当之无愧的经典。

◎ 曼秀雷敦薄荷润唇膏 SPF15

参考价格： 25 元 /3.5g

美丽修行评分： 4.20

◇ 美丽修行点评 -------------------------------------○

曼秀雷敦是美国品牌，凭借薄荷膏迅速打响知名度，之后其口碑载道的产品层出不穷，于是有了如今的地位。其中，润唇膏类的产品贡献颇多。

这款薄荷润唇膏就是曼秀雷敦打造的经典产品之一，性价比很高。其主要成分为矿油、地蜡、矿脂等，因为添加了薄荷醇和樟脑，膏体有股清凉的薄荷味。这款唇膏能使唇部保持滋润，但又不会呈现油腻状态。它还带有 SPF15 的防晒系数，有助于预防日晒造成的唇部皮肤损伤、衰老和唇色变深，其防晒能力是通过添加甲氧基肉桂酸乙基己酯以及水杨酸乙基己酯来实现的。目前暂时没有足够的文献或实验数据证明防晒剂添加进唇部产品中会带来安全风险。

大多数用户反馈它的使用感很不错，涂上嘴冰冰凉凉的，也很滋润。用户认为这款唇膏厚涂时去死皮的效果很好，长期使用可改善唇部干裂、淡化唇纹，使唇部更为水嫩，是一款愿意长期回购的产品。

整体来看，这是一款好用又不贵的滋润性防晒唇膏，值得入手。

◎ 依泉特润滋润唇膏

参考价格： 54 元 /4g

美丽修行评分： 4.45

◇ **美丽修行点评** - ○

依泉（URIAGE）来自法国，和薇姿（VICHY）、理肤泉（LA ROCHE-POSAY）、雅漾（AVENE）并称药妆界的"四大天王"。依泉的当家招牌就是与之同名的依泉活泉水。

依泉的这款特润滋润唇膏又称"SOS 修护小蓝管"，号称能应急修护唇部肌肤以及用作夜间唇膜，对脆弱的唇部肌肤很友好。

其配方中没有添加香精，因此这款产品没有任何味道。它以石蜡为主要油分，并辅以能滋养和软化皮肤的蜂蜡和植物油脂。另外，产品中添加的玻璃苣籽油、抗坏血酸棕榈酸酯、生育酚（维生素 E）等抗氧化剂有助于消除多余的自由基，而硬脂醇甘草亭酸酯有一定舒缓抗敏的作用。

用户反馈这款唇膏保湿效果很好，使用后唇部足够滋润，却一点也不油腻，长期使用可以预防并淡化唇纹，使唇部更为水润饱满、柔嫩健康。也有很多用户反馈睡前厚涂能明显改善唇部起皮以及嘴唇干裂等现象。

总的来说，这是一款相当值得尝试的唇膏，可能会成为很多人的无限回购款。

◎ 德国小甘菊修护唇膏

参考价格： 69 元 /4.8g
美丽修行评分： 3.05

◇ **美丽修行点评** -○

"德国小甘菊"本名贺本清 (herbacin)，于 1905 年在德国中部创立。品牌拥有大片的草药种植基地，可以在产品原料方面自给自足。

贺本清的产品皆在德国研发生产，产品均不含矿物油，敏感性皮肤的人也可以放心使用。这支小甘菊修护唇膏作为品牌的拳头产品，多年来销量一直居高不下。

产品中的蓖麻籽油有锁水保湿功效，能够使唇部保持水润的状态；母菊花提取物具有抗菌、抗氧化等作用；白蜂蜡和巴西棕榈树蜡性质温和，既能够滋润唇部肌肤，又能够在肌肤表面形成保护膜，延长保湿时效。

这款唇膏膏体偏硬，质地稍微有些厚重，涂抹均匀后吸收较快，但肌肤会有轻微的黏腻感。其淡淡的洋甘菊味十分讨喜。大多用户反馈唇膏成分温和，滋润度也不错，涂抹后能及时改善唇部干裂、爆皮的问题，使用起来非常舒适。还有用户反馈睡前厚涂一层可以长效滋润唇部，淡化唇纹，对于嘴唇的轻微灼痛感也有一定缓解作用。多数用户认为这款产品性价比高，愿意长期回购。

如果不排斥有黏腻感的护唇膏，那么它是不错的选择。

◎ 科颜氏护唇膏一号

参考价格： 70 元 /15mL

美丽修行评分： 4.40

◇ **美丽修行点评** - ○

科颜氏于 1851 年在纽约创立，距今已有一百多年的历史，它在 2000 年被法国品牌欧莱雅收购。2009 年，科颜氏正式进入中国。

这款润唇膏是科颜氏的热销产品之一，共有 5 种香味。除了经典的原味之外，梨、杧果、蔓越莓、薄荷 4 种香味也深受消费者喜爱。

产品中的角鲨烷稳定性佳，不易发生氧化作用，能滋润唇部肌肤并形成保护屏障；生育酚（维生素 E）则能够改善唇部因干燥而爆皮的问题。

有别于市面常见的管状旋转唇膏，科颜氏护唇膏一号采用挤压式包装，膏体的延展性很好。

大多数用户反馈这款唇膏香味讨喜，质感柔润，对唇部的滋润效果及修复效果较好。还有一小部分用户反馈他们会对唇膏中的羊毛脂过敏，出现轻微唇炎，所以对羊毛脂过敏的用户不推荐使用这款产品。如果在使用过程中唇部有瘙痒、脱皮等症状，要及时停用。

这款护唇膏有滋润修护的效果，如果对羊毛脂不过敏，它是不错的选择。

◎ 兰芝夜间保湿修护唇膜（莓果味）

参考价格： 135 元 /20g

美丽修行评分： 4.31

◇ **美丽修行点评** --------------------------○

爱茉莉太平洋旗下的兰芝（LANEIGE）是目前韩国女性化妆品市场占有率较高的品牌，深受女性朋友的青睐。

这款唇膜是兰芝的大热单品之一，一共有莓果、西柚、苹果青柠三种香味。唇膜自带小勺，方便取用。它是果冻质地，可以涂着过夜。

它的主要保湿成分是植物甾醇和牛油果树果脂，这两种成分有保湿和抗氧化的功效，与多种柔润剂相配合，可以让唇部肌肤更滋润。氢化聚异丁烯、聚丁烯等成膜剂的加入有助于唇膜在嘴唇表面形成一个密闭的环境，从而减少唇部水分的流失，缓解干燥。除此之外，它还含有莓果复合物（覆盆子汁、石榴果汁、葡萄汁）和抗坏血酸（维生素C），能进一步改善唇部肤质，并起到一定淡化唇纹、提亮唇色的作用。

大多数用户反馈其质感柔润，对唇部的滋润效果较好。但对于少数唇部极干、长期处于干燥环境中的用户来说，它的滋润程度与滋润时间略有欠缺。还有一小部分用户反馈它会诱发轻微唇炎。因其配方中含酒精和防腐剂，不推荐唇部敏感的人使用。

总体来说，对于唇部肤质正常偏干的人来说，它是不错的选择。

◎ 伯特小蜜蜂蜂蜡润唇膏

参考价格： 70 元 /4.25g

美丽修行评分： 4.24

◆ 美丽修行点评 ------------------------------○

伯特小蜜蜂(Burt's Bees)是一个主打个人护理类产品的美国护肤品牌，其护唇膏因品种丰富、口味繁多而大受欢迎。

这款小蜜蜂蜂蜡润唇膏配方精简、安全温和，采用了蜂蜡作为主要成分，搭配椰子油、向日葵籽油、辣薄荷油、野大豆油、低芥酸菜子油等油脂，能有效滋润干裂的嘴唇；而其所含的生育酚（维生素 E）、迷迭香叶提取物以及柑橘果皮提取物等成分能更好地舒缓唇部不适，滋润并修护唇部肌肤。

这款唇膏的膏体是白色的，质地偏硬，味道香甜好闻，涂抹后嘴唇呈亚光感。它可反复涂抹，肌肤不会有厚重黏腻感。有用户反馈它滋润度不错，使用起来也很舒服，价位适中，是他们愿意长期回购的产品。还有用户反馈睡前厚擦一层，基本可以滋润一整晚，对于嘴唇开裂、爆皮或者有灼痛感的现象也有一定缓解作用。

小蜜蜂润唇膏除了经典的蜂蜡味，还有草莓味、红石榴味、西瓜味、葡萄柚味、甜橘味等多款，味道多多，选择多多。

◎ 露华浓持妆无瑕水漾粉底液（雾面亚光）

参考价格： 119 元 /30mL

美丽修行评分： 4.12

◇ 美丽修行点评 ------------------------------○

露华浓（REVLON）是美国的知名彩妆品牌，进军中国后入乡随俗，取名为"露华浓"（出自李白的名句"云想衣裳花想容，春风拂槛露华浓"）。

这款号称"24 小时无瑕持妆"的开架粉底液，凭借着平价好用、持久不脱妆的优点迅速笼络了广大爱美女孩的心。为了照顾不同的肤质类型，这款粉底液出了两个版本：透明盖的自然水润版和黑盖的雾面亚光版，前者主要针对中性和干性皮肤，后者则更适合混合性和油性皮肤。色号方面更是选择多多，适合亚洲人的热门色号主要是 110 和 150。

拿雾面亚光版来说，它质地黏稠，虽然流动性不佳，但是很好推开。其配方中添加的虎头兰、白花百合、欧锦葵等植物的提取物有一定的抗炎、抗氧化效果，而作为填料的有机硅粉末能帮助肌肤控油，使肌肤顺滑。此外，配方中的三乙氧基辛基硅烷的疏水性很强，能增强持妆时间，即使出油、出汗，妆面也能保持自然。

很多用户反馈这款粉底液确实可以长时间不脱妆，控油能力也很不错，甚至在皮肤出油后会愈发服帖，使妆容更自然。但是也有少数用户觉得它粉质粗糙，妆感厚重，存在假面感，这一点与它的高遮瑕力有关，上妆时需注意少量多次取用。还有极少数用户反馈使用过程中有过浮粉、卡粉的糟糕体验，原因大多是选错了粉底液的类型。

◎ PHYSICIANS FORMULA 元气舒缓粉底液

参考价格： 159 元 /30mL

美丽修行评分： 4.34

◇ **美丽修行点评** - ○

PHYSICIANS FORMULA 是美国的彩妆品牌，主要卖点是低敏、健康、妆感出众，敏感肌可用。该品牌的黄油修容粉饼、丝绒唇釉、元气舒缓粉底液等明星产品口碑都相当不错。

这款元气舒缓粉底液就号称是一款专为敏感肌人群打造的健康粉底液。其配方中添加了吴茱萸果提取物、红景天根提取物、刺阿干树仁油等多种植萃精华，可以在打造雾面奶油肌妆效的同时调理皮肤。另外，配方中的透明质酸钠能够增强肌肤的锁水能力，使底妆更不易出现卡粉、浮粉或斑驳的尴尬状况。

它的瓶身设计得很有高级感，并且沉甸甸的，很有分量。瓶中的粉底液比较轻薄，粉质细腻，在滋润肌肤的同时兼具中等遮瑕能力。多数用户反馈产品上脸后顺滑服帖，能打造出通透自然又带有些许光泽的奶油肌妆感。还有部分用户反馈产品上脸时间越长越服帖，妆感可媲美大牌。也有少数用户吐槽这款粉底液的棒头取粉方式，虽然方便点涂，但是易滋生细菌。

目前共有 5 款色号可供挑选：瓷白、象牙白、粉白、暖白以及自然白，其中象牙白和暖白是热门色号。由于这款粉底液用后变暗沉的速度较快，偏白一点的色号也可以安心入手，不会假白。

◎ 魅可定制无瑕粉底液

参考价格： 340 元 /30mL
美丽修行评分： 4.37

◇ 美丽修行点评 - ○

魅可（M·A·C）品牌由专业彩妆师创立，是雅诗兰黛集团旗下第一个非兰黛夫人自创的品牌。作为专业的彩妆品牌，它是时装周后台化妆台上的常客。这款无瑕粉底液色号齐全，能满足不同肤色用户的底妆需求。

产品配方中的透明质酸钠和糖海带提取物能够起到较好的保湿滋润作用，对解决卡粉、斑驳等问题有一定帮助；稻糠提取物等成分有一定的抗氧化作用，可以避免粉底液上脸后的氧化、暗沉等问题。其成膜剂采用的是安全性较高的三甲基硅烷氧基硅酸酯，防水、防汗的同时，还能做到肤感清爽不油腻。

这款粉底液质地轻薄、水润、延展性佳，上脸后不会让肌肤有厚重感和假面感。它遮瑕力中等，持妆力度适中，能够轻松打造带有光泽的"伪素颜"

底妆，瑕疵稍重的肌肤可能要另做局部遮瑕。多数用户反馈这款粉底液粉质细腻，滋润好推开，而且十分服帖，后续不会拔干，也不会带来卡粉的困扰，对干性皮肤也很友好。皮肤爱出油的朋友需要做好定妆。

这款粉底液自带按压泵头，不会出现粉底液倒了多了浪费和难取的情况。

总的来说，这款粉底液有着极佳的水润质地，对多种肤质都比较友好。如果喜欢带有光泽感的底妆，不妨试一试这款。

◎ 雅诗兰黛持妆粉底液

参考价格： 410 元 /30mL

美丽修行评分： 4.27

◇ **美丽修行点评** ┄┄┄┄┄┄┄┄┄┄┄┄┄┄┄┄┄┄┄┄○

雅诗兰黛作为全球知名的护肤品牌之一，一直颇受大家喜爱。而 Double Wear 系列持妆粉底液面世以来，就备受油皮用户的追捧。这款粉底液因遮瑕力强、能持久控油而被网友称为"油皮亲妈"。

它的成膜剂采用的是三甲基硅烷氧基硅酸酯，能够防水、防汗，使妆效持久的同时做到肤感清爽不油腻。配方中的生育酚乙酸酯和季戊四醇四（双－叔丁基羟基氢化肉桂酸）酯这两个成分有抗氧化作用，可以避免粉底出现氧化、暗沉等问题。对于底妆产品来说，这两点非常加分。

这款粉底液质地稍微有些厚重。由于它是速干型的粉底液，不推荐干性皮肤的朋友使用。上妆时需少量多次涂抹，将粉底液点涂在脸颊之后，须用上妆工具迅速推开。大多数用户反馈这款粉底液遮瑕效果惊艳，能较好地遮住痘印、小斑点、面部泛红等肌肤瑕疵。底妆完成后面部呈高级亚光妆效，即使没有额外定妆，也能持妆多个小时。

值得一提的是，这款产品全球共有 56 个色号，其中有 25 个色号是专为亚洲肤色定制的。不论是什么肤色的人，在 Double Wear 系列中都能轻松找到适合自己的色号。

总体来看，这款粉底液对油皮和皮肤瑕疵稍重的人来说是不错的选择。

◎ 玫珂菲全新清晰无痕粉底液

参考价格： 410 元 /30mL

美丽修行评分： 4.47

◆ 美丽修行点评 ------------------------------○

玫珂菲（MAKE UP FOR EVER）是一个专业的彩妆品牌，于 1999 年加入 LVMH（酩悦·轩尼诗 - 路易·威登）集团。这个品牌既受专业人士喜爱，又受普通消费者青睐，能够满足不同化妆风格的人们的需求。这款全新清晰无痕粉底液是玫珂菲的热销单品，共有 11 个色号，能满足不同肤色消费者的底妆需求。

其配方中的生育酚乙酸酯具有一定的抗氧化效果，对改善令人尴尬的底妆氧化、暗沉等问题有一定帮助。粉底液中还添加了有极佳保湿性的透明质酸钠，它可以使粉底液更滋润，这样一来底妆就不易出现卡粉现象。

这款粉底液质地轻薄，而且非常水润，深受干性肤质人群喜爱。其流动性和延展性俱佳，很好推开，用手指或借助其他上妆工具都能打造出清晰自然的底妆。美中不足的是，它的遮瑕力比较弱，不太适合有高度遮瑕需求的用户。

多数用户反馈这款粉底液质地特别水润，粉质细腻，能很好地贴合肌肤，几乎不会出现卡粉的状况，对大干皮十分友好。它有很好的提亮肤色、均匀肤色的效果，能使面部呈现自然的裸妆质感，堪称"伪素颜神器"。

总的来说，这是一款水润轻薄的粉底液，如果没有较高的遮瑕需求，那么它是不错的选择。

◎ 兰蔻持妆轻透粉底液

参考价格：430 元 /30mL

美丽修行评分：4.40

◇ 美丽修行点评 ----------------------------------o

诞生于 1935 年的兰蔻与其他法国奢侈品牌不同，它是一个纯粹以化妆品起家的品牌。其底妆产品有 8 款专为亚洲人定制的色号，能满足大部分亚洲人的需求。

这款持妆粉底液是兰蔻的大热单品之一，主打"控油持妆"。它采用的基础色粉是二氧化钛，这些二氧化钛分别采用了聚二甲基硅氧烷和氨基酸表面活性剂进行预处理，这样它在粉底液中的分散效果会更好，疏水性也比较强，持妆能力更好，而且肤感也比较柔润。硅石和珍珠岩的加入能够吸附油脂，让妆容更清爽。除此之外，配方中的合成氟金云母增加了产品的光泽度，能提亮肤色，使皮肤更显透亮。

　　它是水润的奶油质地，流动性强，延展性也不错，使用时很好推开。官方宣称它比较适合混油皮，但因为它的滋润性较好，许多混干皮用户也觉得这款粉底液很适合自己。大部分用户反馈它持妆效果好，妆感轻薄自然，妆效整体偏向亚光，带有一点光泽。但也有一些用户觉得它的遮瑕力不够，如果皮肤瑕疵稍重，可能需要额外使用遮瑕产品。

　　对于喜欢自然妆效的混油皮和混干皮朋友来说，这款持妆能力不俗的粉底液还是很适合的。

◎ 阿玛尼无痕持妆粉底液

　　参考价格: 600 元 /30mL
　　美丽修行评分: 4.41

◆ 美丽修行点评

　　阿玛尼作为一个在多领域都高居金字塔顶端的奢侈品牌，自创立至今一直备受人们追捧。2008 年 6 月 1 日，阿玛尼全线彩妆产品在中国正式展开销售。这款粉底液就是大名鼎鼎的"权力粉底液"，是阿玛尼彩妆产品中的佼佼者，一经问世就深受大众喜爱。

　　产品中生育酚(维生素 E)和 1,3-丙二醇双管齐下，保湿、抗氧化两手抓，对避免底妆产品常见的卡粉、氧化、暗沉等问题有一定的帮助。其成膜剂采用的是安全性较高的聚二甲基硅氧烷，防水、防汗的同时又能做到肤感清爽不黏腻。

　　这款粉底液有 6 个色号可供选择：#1.5 冷调白皙，#02 暖调白皙，

#03 冷调偏白，#3.5 冷调柔白，#04 暖调偏白，#4.5 自然白皙。以上色号是为亚洲女性定制的，能满足大多数人的需求。

这款粉底液质地稍微有些厚重，不太适合干皮，但如果妆前做好保湿工作，干皮用户也能得到较为服帖的底妆。大多数用户反馈这款粉底液遮瑕效果相当惊艳，对痘印、黑眼圈、面部泛红等肌肤瑕疵都能起到不错的遮瑕效果，并有令人意外的让毛孔隐形的作用。底妆完成后面部呈高级亚光粉瓷肌质感。其持妆力中等，妆后需要做好定妆。

总体来看，这是一款高遮瑕力的粉底液，比较适合混油皮、油皮以及有高度遮瑕需求的人使用。